U0258074

中等职业教育改革发展示范学校建设项目成果教材

电气 CAD 综合实训教程

主　编　姚允刚
副主编　牛河山　赵彦冰
参　编　李燕娜　刘　敏　王　莉　刘　超

机 械 工 业 出 版 社

本书项目一介绍了电气制图与识图的基础知识；项目二介绍了 AutoCAD 的操作方法（主要包括基于二维平面设计的常用绘图、修改、标注命令，以及常用绘图工具操作等内容）；项目三、四、五以实际电气图绘制案例为载体，每个项目都来源于典型电气工程实例，主要内容涵盖了照明线路、电气控制电路、简单电子电路等不同种类电气图，将绘图技巧分散在各个项目具体操作中，使学生在完成任务过程中学习知识、掌握技能、体验成就感、达到灵活运用的目的。

每个项目基本由项目描述、任务名称、学习目标、建议课时、任务描述、知识链接、任务实施、习题集萃等部分组成，在任务描述部分，给出制图任务，即需要绘制的图形符号及必须掌握的绘图方法；在知识链接部分给出完成该任务必需的知识与技能，包括项目识读、相关绘图命令、图形对象操作、绘图技巧等；在任务实施部分，让学生体验完整设计图绘制过程，即项目文档的建立、绘图环境设置、绘图分析、制图详细步骤等。

本书可以作为中等职业学校电工电子类及相关专业的实训教材，也可以作为相关岗前培训或工程技术人员学习 CAD 技术的参考书。

图书在版编目（CIP）数据

电气 CAD 综合实训教程/姚允刚主编. —北京：机械工业出版社，2014.8（2025.1 重印）

中等职业教育改革发展示范学校建设项目成果教材

ISBN 978-7-111-46708-3

Ⅰ.①电… Ⅱ.①姚… Ⅲ.①电气设备-计算机辅助设计-AutoCAD 软件-中等专业学校-教材 Ⅳ.①TM02-39

中国版本图书馆 CIP 数据核字（2014）第 099629 号

机械工业出版社（北京市百万庄大街 22 号　邮政编码 100037）
策划编辑：高　倩　责任编辑：高　倩　张利萍
版式设计：赵颖喆　责任校对：张　薇
封面设计：张　静　责任印制：单爱军
北京虎彩文化传播有限公司印刷
2025 年 1 月第 1 版第 18 次印刷
184mm×260mm · 9.75 印张 · 229 千字
标准书号：ISBN 978-7-111-46708-3
定价：27.00 元

电话服务　网络服务
客服电话：010-88361066　机　工　官　网：www.cmpbook.com
010-88379833　机　工　官　博：weibo.com/cmp1952
010-68326294　金　书　网：www.golden-book.com

机工教育服务网：www.cmpedu.com

前　言

一体化课程教学改革以综合职业能力培养为目标，以典型工作任务为载体，以学生为中心，以开发制定一体化课程教学标准、组织开发一体化课程教材、探索建设一体化课程教学场地、加强建设一体化课程师资队伍为主要内容。

电气制图与识图是电气工程技术人员、自动控制系统设计人员、电力工程技术人员的典型工作任务，是自动化技术高技能人才必须具备的基本技能，也是职业教育电工电子类专业的一门重要的专业基础课程。本书以培养读者的电气识图与制图技能为目标，精选必备的基础知识和技能，摆脱传统教材模式的束缚，改变课程内容繁、难、偏、旧和过于注重理论的现状，将两种常用制图软件 AutoCAD 和 Protel DXP 与电工电子类专业一体化课程紧密联系，具有很强的针对性、实用性，在内容编排上以项目为引导、任务为驱动，以实际绘图案例为核心渗透知识与技能，将理论知识与技能操作分解到每一个具体的任务中，使学生在完成任务过程中学习知识、掌握技能、体验成就感、达到灵活运用的目的。

本书项目一介绍了电气制图与识图的基础知识；项目二介绍了 AutoCAD 的操作方法（主要包括基于二维平面设计的常用绘图、修改、标注命令，以及常用绘图工具操作等内容）；项目三、四、五以实际电气图绘制案例为载体，每个项目都来源于典型电气工程实例，主要内容涵盖了照明线路、电气控制、简单电子电路等不同种类电气图，将绘图技巧分散在各个项目具体操作中。各项目基本由项目描述、任务名称、学习目标、建议课时、任务描述、知识链接、任务实施、习题集萃等部分组成，在任务描述部分，给出制图任务，即需要绘制的图形符号及必须掌握的绘图方法；在知识链接部分给出完成该任务必需的知识与技能，包括项目识读、相关绘图命令、图形对象操作、绘图技巧等；在任务实施部分，让学生体验完整的设计图绘制过程，即项目文档的建立、绘图环境设置、绘图分析、制图详细步骤等。

通过五个项目的学习和训练，读者不仅能够掌握 AutoCAD、Protel DXP 的基本操作，而且能够掌握电气图识读和绘制方法，达到电气工程技术人员、电力工程技术人员、自动控制系统设计人员对电气图识读与绘制的要求。

本书的参考学时为100学时，建议采用理论实践一体化教学模式，各项目的参考学时见下表。

项　目	名　　称	学时数
一	初步了解电气图的绘制与识读	14
二	简单二维图形的绘制与编辑	18
三	照明线路电路的绘制	18
四	常用电气控制电路电气原理图的绘制	24
五	简单电子电路图的绘制	24
课程考评		2
总　　计		100

本书由姚允刚任主编，牛河山、赵彦冰任副主编，李燕娜、刘敏、王莉、刘超参与编写。其中牛河山、刘超编写项目一；姚允刚、赵彦冰编写项目二；刘敏编写项目三；李燕娜编写项目四；王莉编写项目五。全书由姚允刚负责统稿。

由于编者水平和经验有限，书中难免有欠妥和错误之处，恳请读者批评指正。

编　者

目　录

项目一　初步了解电气图的绘制与识读

项目描述

本项目主要讲解电气图的种类和特点、制图基本规则、电气图形符号含义、读图一般方法和步骤以及具体电气原理图的分析；重点介绍了制图基本规则及如何识读电气图，通过学习系统地掌握识读电气图的方法，达到逐步提高的目的。

任务一　了解电气制图

学习目标

1. 掌握电气工程图的分类及特点。
2. 能查阅电气工程 CAD 制图规范。

建议课时

6 课时。

任务描述

电气工程图，简称电气图，是一种示意性的工程图，它主要用图形符号、线框或者简化外形表示电气设备或系统中各有关组成部分的连接关系。本任务将介绍电气工程图相关的基础知识，并参照国家标准 GB/T 18135—2008《电气工程 CAD 制图规则》中常用的相关规范，介绍绘制电气工程图的一般规则。

知识链接

一、电气图定义

电气图是指用电气图形符号、带注释的围框或简化外形表示电气系统或设备中组成部分之间相互关系及其连接关系的一种图。广义地说，表明两个或两个以上变量之间关系的曲线，用以说明系统、成套装置或设备中各组成部分的相互关系或连接关系，或者用以提供工作参数的表格、文字等，也属于电气图之列。

二、电气图分类

1）系统图或框图：用符号或带注释的框，概略表示系统或分系统的基本组成、相互关系及其主要特征的一种简图。

2）电路图：用图形符号并按工作顺序排列，详细表示电路、设备或成套装置的全部组成和连接关系，而不考虑其实际位置的一种简图，其用途是便于详细理解作用原理、分析和计算电路特性。

3）功能图：表示理论的或理想的电路而不涉及实现方法的一种图，其用途是提供绘制电路图或其他有关图的依据。

4）逻辑图：主要用二进制逻辑（与、或、异或等）单元图形符号绘制的一种简图，其中只表示功能而不涉及实现方法的逻辑图叫纯逻辑图。

5）功能表图：表示控制系统的作用和状态的一种图。

6）等效电路图：表示理论的或理想的元器件（如 R、L、C）及其连接关系的一种功能图。

7）程序图：详细表示程序单元和程序片及其互连关系的一种简图。

8）设备元器件表：把成套装置、设备和装置中各组成部分和相应数据列成的表格，其用途表示各组成部分的名称、型号、规格和数量等。

9）端子功能图：表示功能单元全部外接端子，并用功能图、表图或文字表示其内部功能的一种简图。

10）接线图或接线表：表示成套装置、设备或装置的连接关系，用以进行接线和检查的一种简图或表格。

① 单元接线图或单元接线表：表示成套装置或设备中一个结构单元内的连接关系的一种接线图或接线表（结构单元指在各种情况下可独立运行的组件或某种组合体）。

② 互连接线图或互连接线表：表示成套装置或设备的不同单元之间连接关系的一种接图或接线表（线缆接线图或接线表）。

③ 端子接线图或端子接线表：表示成套装置或设备的端子，以及接在端子上的外部接线（必要时包括内部接线）的一种接线图或接线表。

④ 电费配置图或电费配置表：提供电缆两端位置，必要时还包括电费功能、特性和路径等信息的一种接线图或接线表。

11）数据单：对特定项目给出详细信息的资料。

12）简图或位置图：表示成套装置、设备或装置中各个项目的位置的一种简图或位置图，指用图形符号绘制的图，用来表示一个区域或一个建筑物内成套电气装置中的元器件位置和连接布线。

三、电气图的特点

1）电气图的作用：阐述电的工作原理，描述产品的构成和功能，提供装接和使用信息的重要工具和手段。

2）简图是电气图的主要表达方式，是用图形符号、带注释的围框或简化外形表示系统或设备中各组成部分之间相互关系及其连接关系的一种图。

3）元器件和连接线是电气图的主要表达内容

① 一个电路通常由电源、开关设备、用电设备和连接线四个部分组成，如果将电源设备、开关设备和用电设备看成元器件，则电路由元器件与连接线组成，或者说各种元器件按照一定的次序用连接线连起来就构成一个电路。

② 元器件和连接线的表示方法

a. 元器件用于电路图中时有集中表示法、分开表示法和半集中表示法。

b. 元器件用于布局图中时有位置布局法和功能布局法。

c. 连接线用于电路图中时有单线表示法和多线表示法。

d. 连接线用于接线图及其他图中时有连续线表示法和中断线表示法。

4）图形符号、文字符号（或项目代号）是电气图的主要组成部分。一个电气系统或一种电气装置由各种元器件组成，在主要以简图形式表达的电气图中，无论是表示构成、功能，还是表示电气接线等，通常用简单的图形符号表示。

5）对能量流、信息流、逻辑流和功能流的不同描述构成了电气图的多样性。一个电气系统中，各种电气设备和装置之间，从不同角度、不同侧面存在着不同的关系。

① 能量流——电能的流向和传递。

② 信息流——信号的流向和传递。

③ 逻辑流——相互间的逻辑关系。

④ 功能流——相互间的功能关系。

四、电气工程 CAD 制图规范

电气工程设计部门设计、绘制图样，施工单位按图样组织工程施工，所以图样必须有设计和施工等部门共同遵守的一定的格式和一些基本规定，在此扼要介绍国家标准 GB/T 18135—2008《电气工程 CAD 制图规则》中常用的相关规范。

1. 图纸的幅面

绘制图样时，图纸幅面尺寸应优先采用表 1-1 中规定的基本幅面。

表 1-1　图纸的基本幅面及图框尺寸　　（单位：mm）

幅面代号	A0	A1	A2	A3	A4
$B \times L$	841 × 1189	594 × 841	420 × 594	297 × 420	210 × 297
a	25				
c	10			5	
e	20		10		

其中，a、c、e 为留边宽度。图纸幅面代号由“A”和相应的幅面号组成，即 A0～A4。基本幅面共有五种，其尺寸关系如图 1-1 所示。

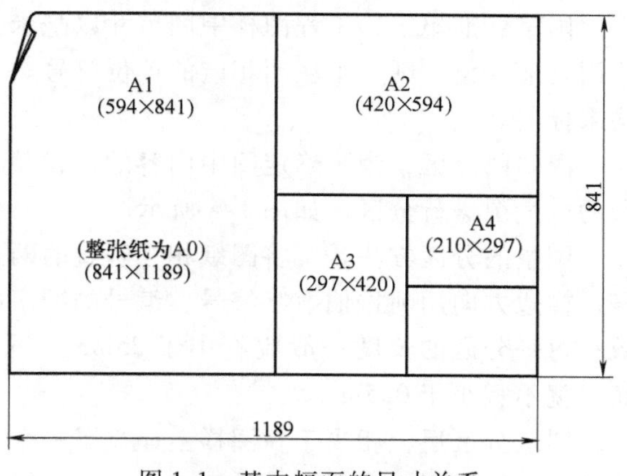

图 1-1　基本幅面的尺寸关系

幅面代号的几何含义，实际上就是对 0 号幅面的对开次数。如 A1 中的“1”，表示将全张纸（A0 幅面）长边对折裁切一次所得的幅面；A4 中的“4”，表示将全张纸长边对折裁切四次所得的幅面，如图 1-1 所示。

必要时，允许沿基本幅面的短边成整

数倍加长幅面，但加长量必须符合国家标准（GB/T 14689—2008）中的规定。

图框线必须用粗实线绘制。图框格式分为留有装订边和不留装订边两种，如图 1-2 和图 1-3 所示。两种格式图框的周边尺寸 a、c、e 见表 1-1。但应注意，同一产品的图样只能采用一种格式。

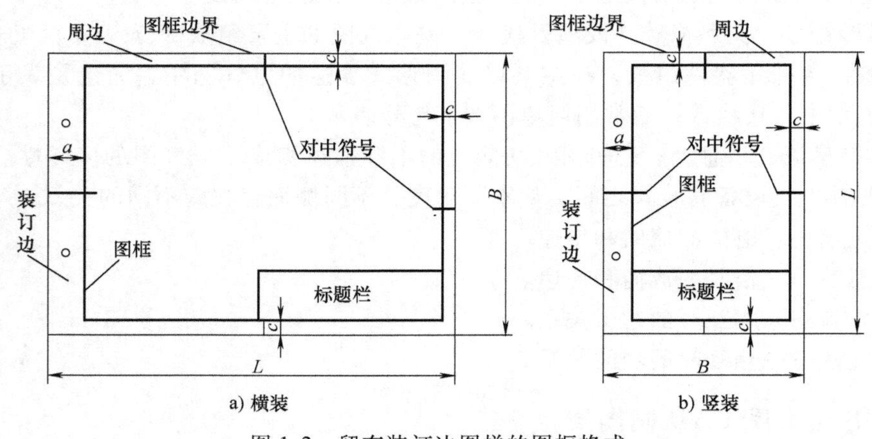

图 1-2 留有装订边图样的图框格式

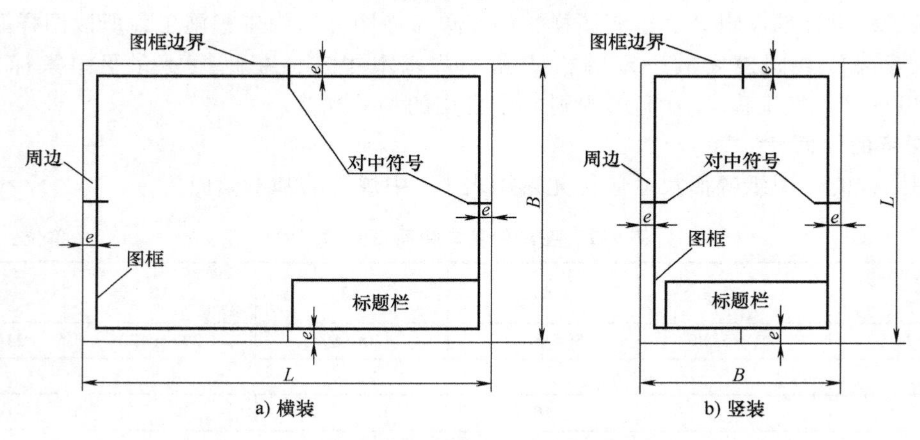

图 1-3 不留装订边图样的图框格式

国家标准规定，工程图样中的尺寸以毫米为单位时，不需标注单位符号（或名称）。如采用其他单位，则必须注明相应的单位符号。本书的文字叙述和图例中的尺寸单位为毫米，均未标出。

图幅的分区，为了确定图中内容的位置及其他用途，往往需要将一些幅面较大的内容复杂的电气图进行分区，如图 1-4 所示。

图幅的分区方法是：将图纸相互垂直的两边各自加以等分，竖边方向用大写拉丁字母编号，横边方向用阿拉伯数字编号，编号的顺序应从标题栏相对的左上角开始，分区数应为偶数；每一分区的长度一般应不小于 25mm，不大于 75mm，对分区中符号应以粗实线给出，其线宽不宜小于 0. 5mm。

图纸分区后，相当于在图样上建立了一个坐标。电气图上的元器件和连接线的位置可由此“坐标”而唯一地确定下来。

2. 标题栏

标题栏是用来确定图样的名称、图号、张次、更改和有关人员签署等内容的栏目，位于图样的下方或右下方。图中的说明、符号均应以标题栏的文字方向为准。

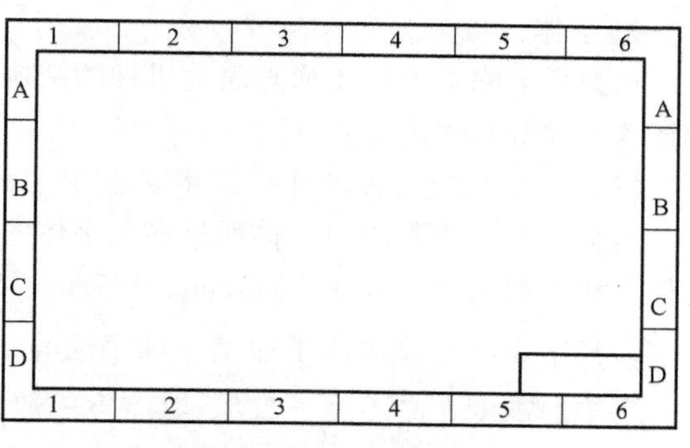

图 1-4　图幅的分区

目前我国尚没有统一规定标题栏的格式，各设计部门标题栏格式不一定相同。通常采用的标题栏格式应有以下内容：设计单位名称、工程名称、项目名称、图名、图别、图号等。电气工程图中常用图 1-5 所示标题栏格式，可供读者借鉴。

<table>
<tr><td colspan="4" rowspan="2">设计单位名称</td><td rowspan="2">工程名称</td><td>设计号</td><td></td></tr>
<tr><td>图号</td><td></td></tr>
<tr><td>总工程师</td><td></td><td>主要设计人</td><td></td><td colspan="3" rowspan="3">项目名称</td></tr>
<tr><td>设计总工程师</td><td></td><td>技核</td><td></td></tr>
<tr><td>专业工程师</td><td>制图</td><td></td><td></td></tr>
<tr><td>组长</td><td></td><td>描图</td><td></td><td colspan="3" rowspan="2">图名</td></tr>
<tr><td>日期</td><td>比例</td><td></td><td></td></tr>
</table>

图 1-5　标题栏格式

学生在做作业时，采用图 1-6 所示的标题栏格式。

<table>
<tr><td colspan="4" rowspan="2">××院××系部××班级</td><td>比例</td><td colspan="2">材料</td></tr>
<tr><td></td><td colspan="2"></td></tr>
<tr><td>制图</td><td>(姓名)</td><td>(学号)</td><td rowspan="4" colspan="2">工程图样名称</td><td>质量</td><td></td></tr>
<tr><td>设计</td><td></td><td></td><td colspan="2" rowspan="2">(作业编号)</td></tr>
<tr><td>描图</td><td></td><td></td></tr>
<tr><td>审核</td><td></td><td></td><td colspan="2">共张 第张</td></tr>
</table>

图 1-6　作业用标题栏

3. 比例

比例是指图中图形与其实物相应要素的线性尺寸之比。

绘制图样时，应优先选择表 1-2 中的优先使用比例，必要时也允许从表 1-2 中的允许使用比例中选取。

表 1-2　绘图的比例

种类		比例
原值比例		1:1
放大比例	优先使用	5:1　2:1　5×10^n:1　2×10^n:1　1×10^n:1
	允许使用	4:1　2.5:1　4×10^n:1　2.5×10^n:1
缩小比例	优先使用	1:2　1:5　1:10　1:2×10^n　1:5×10^n　1:1×10^n
	允许使用	1:1.5　1:2.5　1:3　1:4　1:6 1:1.5×10^n　1:2.5×10^n　1:3×10^n　1:4×10^n　1:6×10^n

注：n 为正整数。

4. 字体

在图样上除了要用图形来表达机件的结构形状外，还必须用数字及文字来说明它的大小和技术要求等其他内容。

（1）基本规定　在图样和技术文件中书写的汉字、数字和字母，都必须做到：字体工整、笔画清楚、间隔均匀、排列整齐。字体的号数代表字体高度（用 h 表示）。字体高度的公称尺寸系列为：1.8mm、2.5mm、3.5mm、5mm、7mm、10mm、14mm、20mm。如需更大的字，其字高应按$\sqrt{2}$的比率递增。汉字应写成长仿宋体字，并应采用国家正式公布的简化字。汉字的高度 h 应不小于3.5，其字宽一般为 $h/\sqrt{2}$。字母和数字分 A 型和 B 型。A 型字体的笔画宽度 $d=h/14$，B 型字体的笔画宽度 $d=h/10$。在同一张图样上，只允许选用一种形式的字体。字母和数字可写成斜体和直体。斜体字字头向右倾斜，与水平基准线成 75°。

（2）字体示例

1）汉字示例：

横平竖直注意起落结构均匀填满

2）字母示例：

3）罗马数字：

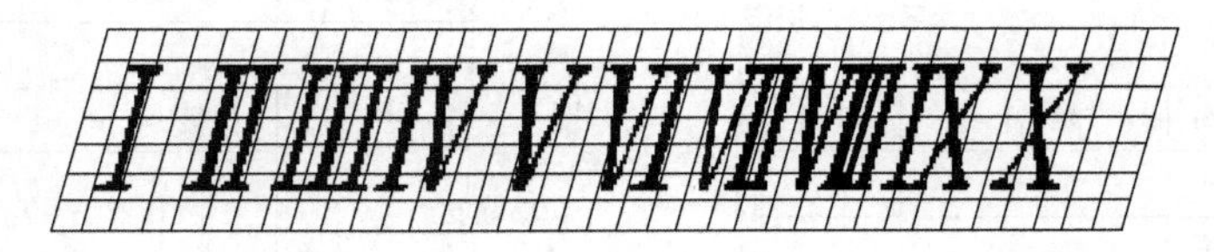

4）数字示例：

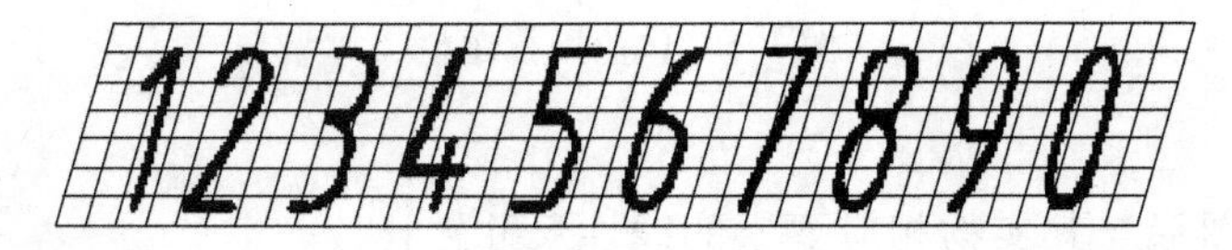

5. 图线及其画法

图线是指起点和终点间以任意方式连接的一种几何图形，它是组成图形的基本要素，形状可以是直线或曲线、连续线或不连续线。国家标准中规定了在工程图样中使用的六种图线，其型式、宽度以及主要用途见表 1-3。

表 1-3　常用图线的型式、宽度和主要用途

图线名称	图线型式	图线宽度	主要用途
粗实线		b	电气线路、一次线路
细实线		约 $b/3$	二次线路、一般线路

（续）

图线名称	图线型式	图线宽度	主要用途
虚线	— — — — — — — —	约 $b/3$	屏蔽线、机械连线
细点画线	—— - —— - —— - ——	约 $b/3$	控制线、信号线、围框线
粗点画线	—— - —— - —— - ——	b	有特殊要求线
双点画线	—— - - —— - - —— - -	约 $b/3$	原轮廓线

图线分为粗、细两种。以粗线宽度作为基础，粗线的宽度 b 应按图的大小和复杂程度，在0.5～2mm之间选择，细线的宽度应为粗线宽度的1/3。图线宽度的推荐系列为：0.18mm、0.25mm、0.35mm、0.5mm、0.7mm、1mm、1.4mm、2mm，若各种图线重合，应按粗实线、点画线、虚线的先后顺序选用线型。

任务二　了解电气识图

学习目标

1. 能够叙述电气图形符号的构成和分类。
2. 能够查阅电气技术中的文字符号和项目代号。
3. 能够绘制电气图常用图形符号。
4. 能够叙述读图的基本方法和步骤。

建议课时

8课时。

任务描述

本任务将学习电气图形符号的构成和分类，电气技术中的文字符号和项目代号以及电气图形常用图形符号及画法命令，重点介绍了如何识读电气图，通过学习系统地掌握识读电气图的方法，达到逐步提高的目的。

知识链接

一、电气图形符号

在绘制电气图形时，一般用图样或其他文件来表示一个设备或概念的图形、标记或字符的符号称为电气图形符号。电气图形符号只用来示意图形绘制，不需要精确比例。

（一）电气图用图形符号

1. 图形符号的构成

电气图用图形符号通常由一般符号、符号要素、限定符号、框形符号和组合符号等组成。

（1）一般符号　它是用来表示一类产品和此类产品特征的一种通常很简单的符号。

（2）符号要素　它是一种具有确定意义的简单图形，不能单独使用。符号要素必须同其他图形组合后才能构成一个设备或概念的完整符号。

（3）限定符号　它是用以提供附加信息的一种加在其他符号上的符号。通常它不能单独使用。有时一般符号也可用作限定符号，如电容器的一般符号加到扬声器符号上即构成电容式扬声器符号。

（4）框形符号　它是用来表示元器件、设备等的组合及其功能的一种简单图形符号。框形符号。框形符号既不给出元器件、设备的细节，也不考虑所有连接。它通常使用在单线表示法中，也可用在全部输入和输出接线的图中。

（5）组合符号　它是指通过以上已规定的符号进行适当组合所派生出来的、表示某些特定装置或概念的符号。

2. 图形符号的分类

新的《电气简图用图形符号　第 1 部分：一般要求》国家标准代号为 GB/T 4728. 1—2005，采用国际电工委员会（IEC）标准，在国际上具有通用性，有利于对外技术交流。GB/T 4728《电气简图用图形符号》共分 13 部分。

（1）一般要求（GB/T 4728. 1—2005）　本部分代替 GB/T 4728. 1—1995，发生了根本的变化：旧版介绍图形符号的绘制方法、编号、使用要求。而本部分全部内容按数据库标准介绍，包括数据查询、库结构说明、如何使用库中数据、新数据如何申请入库等。

（2）符号要素、限定符号和其他符号（GB/T 4728. 2—2005）　本部分代替了 GB/T 4728. 3—1998（包括：轮廓和外壳；电流和电压种类；可变性；力、运动和流动的方向；机械控制；接地和接机壳；理想元器件等），增加了六个新符 S01402、S01404、S01408、S01409、S01410 和 S01424；所有符号为按专业进一步分类，均按 IEC 60617 数据库中给出的符号标识号由小到大排列。

（3）导线和连接件（GB/T 4728. 3—2005）　本部分代替了 GB/T 4728. 3—1998（例如：电线、柔软、屏蔽或绞合导线，同轴电缆；端子、导线连接；插头和插座；电缆密封终端头等），增加了 S01414、S014152 个新符号；所有符号为按专业进一步分类，均按 IEC 60617 数据库中给出的符号标识号由小到大排列，列出 IEC 60671 数据库中包含的各项信息，较旧版增加了多项内容。

（4）基本无源元器件（GB/T 4728. 4—2005）　本部分代替了 GB/T 4728. 4—1999（例如：电阻器、电容器、电感器；铁氧体磁心，磁存储矩阵；压电晶体、驻极体、延迟线等），所有符号均按专业进一步分类，均按 IEC 60617 数据库中给出的符号标识号由小到大排列；列出 IEC 60617 数据库中包含的各项信息，较旧版增加了多项内容。

（5）半导体和电子管（GB/T 4728. 5—2005）　本部分代替了 GB/T 4728. 5—2000（例如：二极管、晶体管、晶闸管、电子管；辐射探测器件等），所有符号均按专业进一步分类，均按 IEC 60617 数据库中给出的符号标识号由小到大排列，列出 IEC 60617 数据库中包含的各项信息，较旧版增加了多项内容。

（6）电能的发生与转换（GB/T 4728.6—2008）　本部分代替了 GB/T 4728.6—2000（例如：绕组；发电机、电动机；变压器；变流器等），增加了新符号 S01837、S01838、S01839、S01840、S01841、S01842、S01843、S01846、S01833、S01834，废除了五个符号 S00815（06-03-01）、S00816（06-03-02）、S00817（06-03-03）、S00822（06-03-07）、S00892（06-14-01），根据 IEC 60617 数据库标准，各符号列出的信息较旧版增加了多项内容。

（7）开关、控制和保护装置（GB/T 4728.7—2008）　本部分代替了 GB/T 4728.7—2000（例如：触点、开关、热敏开关、接近开关、接触开关；开关装置和控制装置；起动器；有或无继电器；测量继电器；熔断器、间隙、避雷器等），增加了新符号 S01413、S01454、S01462，废除了二十六个符号 S00224（07-01-07）、S00225（07-01-08）、S00228（07-02-02）、S00249（07-06-01）、S00250（07-06-02）、S00251（07-06-03）、S00252（07-06-04）、S00267（07-11-01）、S00268（07-11-02）、S00269（07-11-03）、S00273（07-11-07）、S00274（07-11-08）、S00275（07-11-09）、S00276（07-11-10）、S00277（07-11-11）、S00278（07-11-12）、S00279（07-11-13）、S00280（07-12-01）、S00281（07-12-02）、S00282（07-12-03）、S00283（07-13-01）、S00306（07-15-02）、S00308（07-15-04）、S00309（07-15-05）、S00310（07-15-06）、S00322（07-15-18），根据 IEC 60617 数据库标准，各符号列出的信息较旧版增加了多项内容。

（8）测量仪表、灯和信号器件（GB/T 4728.8—2008）　本部分代替了 GB/T 4728.8—2000（例如：指示、积算和记录仪表；热电偶；遥测装置；电钟；位置和压力传感器；灯、喇叭和铃等），废除了十一个符号 S00953（08-06-02）、S00955（08-06-04）、S00957（08-06-06）、S00958（08-07-01）、S00962（08-09-02）、S00963（08-09-03）、S00964（08-09-04）、S00969（08-10-05）、S00970（08-10-05）、S00971（08-10-08）、S00974（08-10-12），根据 IEC 60617 数据库标准，各符号列出的信息较旧版增加了多项内容。

（9）电信：交换和外围设备（GB/T 4728.9—2008）　本部分代替了 GB/T 4728.9—1999（例如：交换系统、选择器；电话机；电报和数据处理设备；传真机、换能器、记录和播放等），废除了二十一个符号 S00992（09-01-12）、S00993（09-01-13）、S01003（09-03-09）、S01020（09-05-04）、S01021（09-05-05）、S01022（09-03-06）、S01024（09-05-08）、S01026（09-05-10）、S01027（09-05-11）、S01031（09-06-03）、S01032（09-06-04）、S01034（09-06-06）、S01035（09-06-07）、S01036（09-06-08）、S01037（09-06-09）、S01038（09-07-01）、S01040（09-07-03）、S01041（09-07-04）、S01054（09-09-02）、S01057（09-09-05）、S01058（09-09-06），根据 IEC 60617 数据库标准，各符号列出的信息较旧版增加了多项内容。

（10）电信：传输（GB/T 4728.10—2008）　本部分代替了 GB/T 4728.10—1999（例如：通信电路；天线、无线电台；单端口、双端口或多端口波导管器件、微波激射器、激光器；信号发生器、交换器、阀器件、调制器、解调器、鉴别器、集线器、多路调制器、脉冲编码调制；频谱图、光纤传输线路和器件等），废除了四十八个符号 S01080（10-01-01）、S01081（10-01-02）、S01082（10-01-03）、S01083（10-01-04）、S01084（10-01-05）、S01085（10-01-06）、S01086（10-01-07）、S01087（10-02-01）、S01088（10-02-02）、S01089（10-02-03）、S01090（10-02-04）、S01091（10-02-05）、S01092（10-02-06）、S01093（10-02-07）、S01113（10-05-03）、S01117（10-05-07）、S01118（10-05-08）、

S01129（10-06-05）、S01130（10-06-06）、S01131（10-06-07）、S01132（10-06-08）、S01134（10-06-10）、S01135（10-06-11）、S01145（10-07-08）、S01150（10-07-13、S01151（10-07-14）、S01152（10-07-15）、S01167（10-08-12）、S01168（10-08-13）、S01230（12-13-06）、S01231（12-14-01）、S01241（12-15-03）、S01242（12-15-04）、S01243（12-15-05）、S01272（10-18-01）、S01273（10-18-02）、S01274（10-18-03）、S01275（10-18-04）、S01276（10-18-05）、S01277（10-18-06）、S01289（10-20-08）、S01290（10-20-09）、S01322（10-23-05）、S01324（10-23-07）、S01325（10-23-08）、S01329（10-24-04）、S01330（10-24-05）、S01331（10-24-06），根据 IEC 60617 数据库标准，各符号列出的信息较旧版增加了多项内容。

（11）建筑安装平面布置图（GB/T 4728.11—2008） 本部分代替了 GB/T 4728.11—2000（例如：发电站和变电所；网络；音响和电视的电缆配电系统；开关、插座引出线、电灯引出线；安装符号等），增加了新符号二十五个 S01391、S01392、S01393、S01396、S01397、S01398、S01399、S01400、S01406、S01407、S01419、S01420、S01421、S01422、S01448、S01449、S01450、S01451、S01452、S01453、S01458、S01459、S01460、S01461、S01807，废除了十一个符号 S00387（11-01-03）、S00388（11-01-04）、S00417（11-03-11）、S00418（11-03-12）、S00424（11-04-06）、S00425（11-04-07）、S00434（11-07-01）、S0036（11-07-03）、S00437（11-08-01）、S00490（11-15-10）、S00494（11-16-02），根据 IEC 60617 数据库标准各符号列出的信息较旧版增加了多项内容。

（12）二进制逻辑单元（GB/T 4728.12—2008） 本部分代替了 GB/T 4728.12—1996（例如：限定符号；关联符号；组合和时序单元；如缓冲器、驱动器和编码器；运算器单元；延时单元；双稳、单稳及非稳单元；移位寄存器、计数器和存储器等），增加了新符号二十六个符号 S01476、S01480、S01482、S01484、S01483、S01485、S01486、S01487、S01488、S01489、S01490、S01518、S01544、S01545、S01548、S01549、S01612、S01613、S01658、S01704、S01705、S01715、S01722、S01746、S01747、S01808，根据 IEC 60617 数据库标准，各符号列出的信息较旧版增加了多项内容。

（13）模拟元器件（GB/T 4728.13—2008） 本部分代替了 GB/T 4728.12—1996（例如：模拟和数字信号识别的限定符号；放大器的限定符号；函数器；坐标转换器；电子开关等），增加了新符号 S01457，根据 IEC 60617 数据库标准，各符号列出的信息较旧版增加了多项内容。

常用电气图用图形符号及画法使用命令见表 1-4。

表 1-4 常用电气图用图形符号及画法使用命令

序号	图形符号	说　　明	画法使用命令
1		直流电 电压可标注在符号右边，系统类型可标注在左边	直线
2		交流电 频率或频率范围可标注在符号的左边	样条曲线
3		交直流	直线、样条曲线

（续）

序号	图形符号	说　明	画法使用命令
4		正极性	直线
5		负极性	直线
6		运动方向或力	引线
7		能量、信号传输方向	直线
8		接地符号	直线
9		接机壳	直线
10		等电位	正三角形、直线
11		故障	引线、直线
12	或	导线的连接	直线、圆、图案填充
13		导线跨越而不连接	直线
14		电阻器的一般符号	矩形、直线
15		电容器的一般符号	直线
16		电感器、线圈、绕组、扼流圈	直线、圆弧
17		原电池或蓄电池	直线

（续）

序号	图形符号	说　　明	画法使用命令
18		常开（动合）触点	直线
19		常闭（动断）触点	直线
20	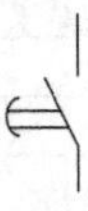	延时闭合的常开触点 （带时限的继电器和接触器触点）	直线、圆弧
21		延时断开的常开触点	
22		延时闭合的常闭触点	
23		延时断开的常闭触点	
24	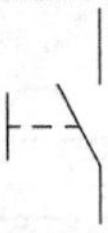	手动开关的一般符号	直线
25	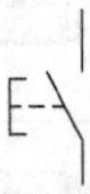	按钮	
26		位置开关，常开触点 限位开关，常开触点	
27	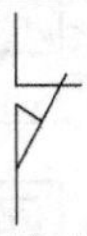	位置开关，常闭触点 限位开关，常闭触点	
28		多极开关的一般符号，单线表示	
29	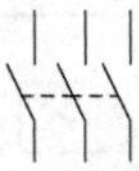	多极开关的一般符号，多线表示	直线
30		隔离开关的常开触点	

（续）

序号	图形符号	说　　明	画法使用命令
31		负荷隔离开关的常开触点	直线、圆弧
32		断路器的常开触点	直线
33		接触器常开主触点，辅助触点	直线、圆弧
34		接触器常闭主触点，辅助触点	
35		继电器、接触器等的线圈一般符号	矩形、直线
36		缓吸线圈（带时限的电磁继电器线圈）	
37		缓放线圈（带时限的电磁继电器线圈）	直线、矩形 图案填充
38		热继电器的驱动器件	直线、矩形
39		热继电器的常闭触点，常开触点	直线
40		熔断器的一般符号	直线、矩形
41		熔断器开关	直线、矩形 旋转
42		熔断器式隔离开关	

（续）

序号	图形符号	说　　明	画法使用命令
43		跌落式熔断器	直线、矩形、旋转、圆
44		避雷器	矩形、图案填充
45		避雷针	圆、图案填充
46		电机的一般符号 C—同步变流机 G—发电机 GS—同步发电机 M—电动机 MG—能作为发电机或电动机使用的电机 MS—同步电动机 SM—伺服电动机 TG—测速发电机 TM—力矩电动机 IS—感应同步器	直线
47	M ~	交流电动机	圆、多行文字
48		双绕组变压器，电压互感器	直线、圆、复制、修剪
49		三绕组变压器	
50		电流互感器	
51		电抗器，扼流圈	直线、圆、修剪
52		自耦变压器	直线、圆、圆弧

（续）

序号	图形符号	说　　明	画法使用命令
53	V	电压表	圆、多行文字
54	A	电流表	
55	cosφ	功率因数表	
56	Wh	电能表	矩形、多行文字
57		钟	圆、直线、修剪
58		音响信号装置、电铃	
59		蜂鸣器	圆、直线、修剪
60		调光器	圆、直线
61	t	限时装置	矩形　多行文字
62		导线、导线组、电线、电缆、电路、传输通路等线路母线一般符号	直线
63		中性线	圆、直线、图案填充
64		保护线	直线
65		灯的一般符号	直线、圆
66	A−B C	电杆的一般符号	圆、多行文字
67	11 12 13 14 15	端子板	矩形、多行文字
68		屏、台、箱、柜的一般符号	矩形

（续）

序号	图形符号	说　　明	画法使用命令
69		动力或动力-照明配电箱	矩形、图案填充
70		单相插座	圆、直线、修剪
71	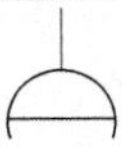	密闭（防水）插座	
72	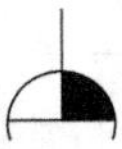	防爆插座	圆、直线、修剪、图案填充
73	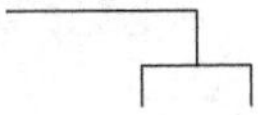	电信插座的一般符号 可用文字和符号加以区别： TP—电话 TX—电传 TV—电视 BL—扬声器 M—传声器 FM—调频	直线、修剪
74	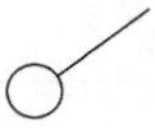	开关的一般符号	圆、直线
75		钥匙开关	矩形、圆、直线
76	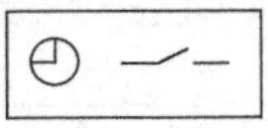	定时开关	
77		阀的一般符号	直线
78		电磁制动器	矩形、直线
79	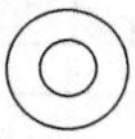	按钮的一般符号	圆
80	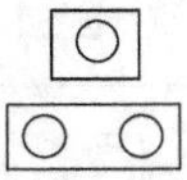	按钮盒	矩形、圆
81	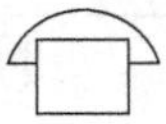	电话机的一般符号	矩形、圆、修剪
82		传声器的一般符号	圆、直线

（续）

序号	图形符号	说　明	画法使用命令
83		扬声器的一般符号	矩形、直线
84		天线的一般符号	直线
85		放大器的一般符号 中断器的一般符号，三角形指传输方向	正三角形、直线
86		分线盒一般符号	圆、修剪、直线
87		室内分线盒	
88		室外分线盒	
89		变电所	圆
90		杆式变电所	
91		室外箱式变电所	直线、矩形、图案填充
92		自耦变压器式起动器	矩形、圆、直线
93		二极管	直线
94		晶体管	
95		整流器框形符号	矩形、直线

（二）电气设备用图形符号

1. 电气设备用图形符号的用途

电气设备用图形符号是完全区别于电气图用图形符号的另一类符号。设备用图形符号主要用于各种类型的电气设备或电气设备部件，使操作人员了解其用途和操作方法。这些符号也可用于安装或移动电气设备的场合，以指出诸如禁止、警告、规定或限制等应注意的

事项。

在电气图中，尤其是在某些电气平面图、电气系统说明书用图等图中，也可以适当地使用这些符号，以补充这些图形所包含的内容。

设备用图形符号与电气简图用图形符号的形式大部分是不同的。但有一些也是相同的，不过含义大不相同。例如，设备用熔断器图形符号虽然与电气简图符号的形式是一样的，但电气简图用熔断器符号表示的是一类熔断器。而设备用图形符号如果标在设备外壳上，则表示熔断器盒及其位置；如果标在某些电气图上，也仅仅表示这是熔断器的安装位置。

2. 常用设备用图形符号

电气设备用图形符号分为 6 个部分：通用符号，广播、电视及音响设备符号，通信、测量、定位符号，医用设备符号，电话教育设备符号，家用电器及其他符号，见表 1-5。

表 1-5　常用设备用图形符号

序号	名称	符号	应用范围
1	直流电		适用于直流电的设备的铭牌上，以及用来表示直流电的端子
2	交流电		适用于交流电的设备的铭牌上，以及用来表示交流电的端子
3	正极		表示使用或产生直流电设备的正端
4	负极		表示使用或产生直流电设备的负端
5	电池检测		表示电池测试按钮和表明电池情况的灯或仪表
6	电池定位	+	表示电池盒本身及电池的极性和位置
7	整流器		表示整流设备及其有关接线端和控制装置
8	变压器		表示电气设备可通过变压器与电力线连接的开关、控制器、连接器或端子，也可用于变压器包封或外壳上
9	熔断器		表示熔断器盒及其位置
10	测试电压		表示该设备能承受 500V 的测试电压
11	危险电压		表示危险电压引起的危险
12	接地		表示接地端子
13	保护接地		表示在发生故障时防止电击的与外保护导线相连接的端子，或与保护接地相连接的端子

（续）

序号	名称	符号	应用范围
14	接机壳、接机架		表示连接机壳、机架的端子
15	输入		表示输入端
16	输出		表示输出端
17	过载保护装置		表示一个设备装有过载保护装置
18	通		表示已接通电源，必须标在开关的位置
19	断		表示已与电源断开，必须标在开关的位置
20	可变性(可调性)		表示量的被控方式，被控量随图形的宽度而增加
21	调到最小		表示量值调到最小值的控制
22	调到最大		表示量值调到最大值的控制
23	灯、照明设备		表示控制照明光源的开关
24	亮度、辉度		表示亮度调节器、电视接收机等设备的亮度、辉度控制
25	对比度		表示电视接收机等的对比度控制
26	色饱和度		表示彩色电视机等设备上的色彩饱和度控制

二、电气技术中的文字符号和项目代号

一个电气系统或一种电气设备通常都是由各种基本件、部件、组件等组成的，为了在电气图上或其他技术文件中表示这些基本件、部件、组件，除了采用各种图形符号外，还须标注一些文字符号和项目代号，以区别这些设备及线路的不同功能、状态和特征等。

（一）文字符号

文字符号通常由基本文字符号、辅助文字符号和数字组成。为项目代号提供电气设备、装置和元器件的种类字母代码和功能字母代码。

1. 基本文字符号

基本文字符号可分为单字母符号和双字母符号两种。

（1）单字母符号　单字母符号是用英文字母将各种电气设备、装置和元器件划分为23大类，每一大类用一个专用字母符号表示，如“R”表示电阻类，“Q”表示电力电路的开关器件等，见表1-6。其中，“I”、“O”易同阿拉伯数字“1”和“0”混淆，不允许使用，字母“J”也未采用。

表1-6　电气设备常用的单字母符号

符号	项目种类	举　例
A	组件、部件	分离元器件放大器、磁放大器、激光器、微波激光器、印制电路板等组件、部件
B	变换器 （从非电量到电量或相反）	热电传感器、热电偶
C	电容器	
D	二进制单元 延迟器件 存储器件	数字集成电路和器件、延迟线、双稳态元器件、单稳态元器件、磁心储存器、寄存器、磁带记录机、盘式记录机
E	杂项	光器件、热器件、本表其他地方未提及元器件
F	保护电器	熔断器、过电压放电器件、避雷器
G	发电机 电源	旋转发电机、旋转变频机、电池、振荡器、石英晶体振荡器
H	信号器件	光指示器、声指示器
J	—	—
K	继电器、接触器	
L	电感器、电抗器	感应线圈、线路陷波器、电抗器
M	电动机	
N	模拟集成电路	运算放大器、模拟/数字混合器件
P	测量设备、试验设备	指示、记录、计算、测量设备、信号发生器、时钟
Q	电力电路开关	断路器、隔离开关
R	电阻器	可变电阻器、电位器、变阻器、分流器、热敏电阻
S	控制电路的开关选择器	控制开关、按钮、限制开关、选择开关、选择器、拨号接触器、连接器
T	变压器	电压互感器、电流互感器
U	调制器、变换器	鉴频器、解调器、变频器、编码器、逆变器、电报译码器
V	电真空器件 半导体器件	电子管、气体放电管、晶体管、晶闸管、二极管
W	传输导线 波导、天线	导线、电缆、母线、波导、波导定向耦合器、偶极天线、抛物面天线
X	端子、插头、插座	插头和插座、测试塞空、端子板、焊接端子、连接片、电缆封端和接头
Y	电气操作的机械装置	制动器、离合器、气阀
Z	终端设备、混合变压器、 滤波器、均衡器、限幅器	电缆平衡网络、压缩扩展器、晶体滤波器、网络

（2）双字母符号　双字母符号是由表1-7中的一个表示种类的单字母符号与另一个字母组成，其组合形式：单字母符号在前，另一个字母在后。双字母符号可以较详细和更具体地表达电气设备、装置和元器件的名称。双字母符号中的另一个字母通常选用该类设备、装置和元器件的英文名词的首位字母，或常用缩略语，或约定俗成的习惯用字母。例如，“G”为同步发电机的英文名，则同步发电机的双字母符号为“GS”。

电气图中常用的双字母符号见表1-7。

表 1-7　电气图中常用的双字母符号

序号	设备、装置和元器件种类	名　称	单字母符号	双字母符号
1	组件和部件	天线放大器	A	AA
		控制屏		AC
		晶体管放大器		AD
		应急配电箱		AE
		电子管放大器		AV
		磁放大器		AM
		印制电路板		AP
		仪表柜		AS
		稳压器		AS
2	电量到电量变换器或电量到非电量变换器	变换器	B	
		扬声器		
		压力变换器		BP
		位置变换器		BQ
		速度变换器		BV
		旋转变换器（测速发电机）		BR
		温度变换器		BT
3	电容器	电容器	C	
		电力电容器		CP
4	其他元器件	本表其他地方未规定器件	E	
		发热器件		EH
		照明灯		EL
		空气调节器		EV
5	保护器件	避雷器	F	FL
		放电器		FD
		具有瞬时动作的限流保护器件		FA
		具有延时动作的限流保护器件		FR
		具有瞬时和延时动作的限流保护器件		FS
		熔断器		FU
		限压保护器件		FV
6	信号发生器发电机电源	发电机	G	
		同步发电机		GS
		异步发电机		GA
		蓄电池		GB
		直流发电机		GD
		交流发电机		GA
		永磁发电机		GM
		水轮发电机		GH
		汽轮发电机		GT
		风力发电机		GW
		信号发生器		GS
7	信号器件	声响指示器	H	HA
		光指示器		HL
		指示灯		HL
		蜂鸣器		HZ
		电铃		HE

（续）

序号	设备、装置和元器件种类	名　　称	单字母符号	双字母符号
8	继电器和接触器	继电器	K	
		电压继电器		KV
		电流继电器		KA
		时间继电器		KT
		频率继电器		KF
		压力继电器		KP
		控制继电器		KC
		信号继电器		KS
		接地继电器		KE
		接触器		KM
9	电感器和电抗器	扼流线圈	L	LC
		励磁线圈		LE
		消弧线圈		LP
		陷波器		LT
10	电动机	电动机	M	
		直流电动机		MD
		力矩电动机		MT
		交流电动机		MA
		同步电动机		MS
		绕线转子异步电动机		MM
		伺服电动机		MV
11	测量设备和试验设备	电流表	P	PA
		电压表		PV
		(脉冲)计数器		PC
		频率表		PF
		电能表		PJ
		温度计		PH
		电钟		PT
		功率表		PW
12	电力电路的开关器件	断路器	Q	QF
		隔离开关		QS
		负荷开关		QS(F)
		低压断路器		QF
		转换开关		QC
		刀开关		QK
		转换(组合)开关		QT
13	电阻器	电阻器、变阻器	R	
		附加电阻器		RA
		制动电阻器		RB
		频敏变阻器		RF
		压敏电阻器		RV
		热敏电阻器		RT
		起动电阻器(分流器)		RS
		光敏电阻器		RL
		电位器		RP
14	控制电路的开关选择器	控制开关	S	SA
		选择开关		SA
		按钮		SB

（续）

序号	设备、装置和元器件种类	名　　称	单字母符号	双字母符号
14	控制电路的开关选择器	终点开关	S	SE
		限位开关		SQ
		微动开关		SM
		接近开关		SP
		行程开关		ST
		压力传感器		SP
		温度传感器		ST
		位置传感器		SQ
		电压表转换开关		SV
15	变压器	变压器	T	
		自耦变压器		TA
		电流互感器		TA
		控制电路电源用变压器		TC
		电炉变压器		TF
		电压互感器		TV
		电力变压器		TM
		整流变压器		TR
16	调制变换器	整流器	U	UR
		解调器		UD
		频率变换器		UF
		逆变器		UV
		调制器		UM
		混频器		UM
17	电子管、晶体管	控制电路用电源的整流器	V	VC
		二极管		VD
		电子管		VE
		发光二极管		VL
		光敏二极管		VP
		晶体管		VT
		稳压二极管		VS(Z)
18	传输通道、波导和天线	导线、电缆	W	
		电枢绕组		WA
		定子绕组		WC
		转子绕组		WE
		励磁绕组		WR
		控制绕组		WS
19	端子、插头、插座	输出口	X	XA
		连接片		XB
		分支器		XC
		插头		XP
		插座		XS
		端子板		XT
20	电器操作的机械器件	电磁铁	Y	YA
		电磁制动器		YB
		电磁离合器		YC
		防火阀		YF
		电磁吸盘		YH

（续）

序号	设备、装置和元器件种类	名　称	单字母符号	双字母符号
20	电器操作的机械器件	电动阀	Y	YM
		电磁阀		YV
		牵引电磁铁		YT
21	终端设备、滤波器、均衡器、限幅器	衰减器	Z	ZA
		定向耦合器		ZD
		滤波器		ZF
		终端负载		ZL
		均衡器		ZQ
		分配器		ZS

2. 辅助文字符号

辅助文字符号用来表示电气设备、装置和元器件以及线路的功能、状态和特征。如“ACC”表示加速，“BRK”表示制动等。辅助文字符号也可以放在表示种类的单字母符号后边组成双字母符号，例如“SP”表示压力传感器。若辅助文字符号由两个以上字母组成，为简化文字符号，只允许采用第一位字母进行组合，如“MS”表示同步电动机。辅助文字符号还可以单独使用，如“OFF”表示断开，“DC”表示直流等。辅助文字符号一般不能超过三位字母。

电气图中常用的辅助文字符号见表 1-8。

表 1-8　电气图中常用的辅助文字符号

序号	名　称	符　号	序号	名　称	符　号
1	电流	A	29	低,左,限制	L
2	交流	AC	30	闭锁	LA
3	自动	AUT	31	主,中,手动	M
4	加速	ACC	32	手动	MAN
5	附加	ADD	33	中性线	N
6	可调	ADJ	34	断开	OFF
7	辅助	AUX	35	闭合	ON
8	异步	ASY	36	输出	OUT
9	制动	BRK	37	保护	P
10	黑	BK	38	保护接地	PE
11	蓝	BL	39	保护接地与中性线共用	PEN
12	向后	BW	40	不保护接地	PU
13	控制	C	41	反,由,记录	R
14	顺时针	CW	42	红	RD
15	逆时针	CCW	43	复位	RST
16	降	D	44	备用	RES
17	直流	DC	45	运转	RUN
18	减	DEC	46	信号	S
19	接地	E	47	起动	ST
20	紧急	EM	48	置位,定位	SET
21	快速	F	49	饱和	SAT
22	反馈	FB	50	步进	STE
23	向前,正	FW	51	停止	STP
24	绿	GN	52	同步	SYN
25	高	H	53	温度,时间	T
26	输入	IN	54	真空,速度,电压	V
27	增	ING	55	白	WH
28	感应	IND	56	黄	YE

3. 文字符号的组合

文字符号的组合形式一般为：基本符号 + 辅助符号 + 数字序号。

例如，第一台电动机，其文字符号为 M1；第一个接触器，其文字符号为 KM1。

4. 特殊用途文字符号

在电气图中，一些特殊用途的接线端子、导线等通常采用一些专用的文字符号。例如，三相交流系统电源分别用 “L1、L2、L3” 表示，三相交流系统的设备分别用 “U、V、W” 表示。

（二）项目代号

1. 项目代号的组成

项目代号是用于识别图、图表、表格和设备上的项目种类，并提供项目的层次关系、实际位置等信息的一种特定的代码。每个表示元器件或其组成部分的符号都必须标注其项目代号。在不同的图、图表、表格、说明书中的项目和设备中的该项目均可通过项目代号相互联系。

完整的项目代号包括 4 个相关信息的代号段。每个代号段都用特定的前缀符号加以区别。

完整项目代号的组成见表 1-9。

表 1-9　完整项目代号的组成

代号段	名　称	定　义	前缀符号	示例
第 1 段	高层代号	系统或设备中任何较高层次（对给予代号的项目而言）项目的代号	=	= S2
第 2 段	位置代号	项目在组件、设备、系统或建筑物中的实际位置的代号	+	+ C15
第 3 段	种类代号	主要用于识别项目种类的代号	-	- G6
第 4 段	端子代号	用于外电路进行电气连接的电器导电件的代号	:	:11

2. 高层代号的构成

一个完整的系统或成套设备中任何较高层次项目的代号，称为高层代号。例如，S1 系统中的开关 Q2，可表示为 = S1-Q2，其中 “S1” 为高层代号。

3. 种类代号的构成

用于识别项目种类的代码，称为种类代号。通常，在绘制电路图或逻辑图等电气图时就要确定项目的种类代号。确定项目的种类代号的方法有 3 种。

第 1 种方法，也是最常用的方法，由字母代码和图中每个项目规定的数字组成。按这种方法选用的种类代码还可补充一个后缀，即代表特征动作或作用的字母代码，称为功能代号。可在图上或其他文件中说明该字母代码及其表示的含义。例如，-K2M 表示具有功能为 M 的序号为 2 的继电器。一般情况下，不必增加功能代号。如需增加，为了避免混淆，位于复合项目种类代号中间的前缀符号不可省略。

第 2 种方法，是仅用数字序号表示。给每个项目规定一个数字序号，将这些数字序号和它代表的项目排列成表放在图中或附在另外的说明中。例如，-2、-6 等。

第 3 种方法，是仅用数字组。按不同种类的项目分组编号。将这些编号和它代表的项目

排列成表置于图中或附在图后。例如，在具有多种继电器的图中，时间继电器用 11、12、1、……表示。

4. 位置代号的构成

项目在组件、设备、系统或建筑物中的实际位置的代号，称为位置代号。通常位置代号由自行规定的拉丁字母或数字组成。在使用位置代号时，应给出表示该项目位置的示意图。

5. 端子代号的构成

端子代号是完整的项目代号的一部分。当项目具有接线端子标记时，端子代号必须与项目上端子的标记相一致。端子代号通常采用数字或大写字母，特殊情况下也可用小写字母表示。例如-Q3：B，表示隔离开关 Q3 的 B 端子。

6. 项目代号的组合

项目代号由代号段组成。一个项目可以由一个代号段组成，也可以由几个代号段组成。通常项目代号可由高层代号和种类代号进行组合，设备中的任一项目均可用高层代号和种类代号组成一个项目代号，例如 =2-G3；也可由位置代号和种类代号进行组合，例如 +5-G2；还可先将高层代号和种类代号组合，用于识别项目，再加上位置代号，提供项目的实际安装位置。

三、读图的基本方法和步骤

1. 读图的基本方法

1）结合电工、电子知识识图。

2）结合电路图中各种器件的工作原理看图。

3）图形符号、文字符号的含义要牢记会用。

4）结合相关图样的技术资料（如目录、元器件清单等）看图。

2. 读图与识图的基本步骤

1）详看图样说明，即要看图样的主标题栏和图样目录、技术说明、元器件明细表等，从整体上了解图样的概况和所要表述的重点。

2）看系统图或框图，其目的是了解整个系统或分系统概况，即基本组成、相互关系及其主要特征等，为看原理图打下基础。

3）看原理图，首先要看有哪些文字符号和图形符号，了解图中各组成部分的作用，分清主、辅电路，然后再按照先主电路，再辅助电路的方法识读。

4）原理图要与放线表对照识读，可以弄清楚线路的走向和电路的连接方法，搞清每个回路是怎样通过各个元器件构成闭合回路的，进而弄清整个电路的工作原理和来龙去脉。

习题集萃

一、简答题

1. 电气工程图常见的有哪几类？作用是什么？
2. 电气图有什么特点？
3. 电气图的常用图幅包括哪些？
4. 图幅分区具有什么意义？

5. 电气图形符号由哪几部分组成？

6. 电气图一般如何布局？

二、填空题

1.（　　）也叫电气原理图，是一种不按电器元器件、设备的实际位置绘制的一种简图。

2. 用于表示成套装置、设备或装置的连接关系的简图或表格称为（　　）图。

3.（　　）是用图形符号、带注释的框或简化外形表示包括连接线在内的一个系统或设备中各组成部分之间相互关系的一种图示形式。

4. 图形符号、（　　）和（　　）是电气图的主要组成部分。

5. 构成电气图的主要元素是（　　）和（　　）。

6. 电气图用图形符号由一般符号、（　　）、（　　）和框形符号组成。

7. 一般符号可以和（　　）结合使用以得到不同的专用符号。

8. 文字符号分为（　　）和（　　）两大类。

9. 一个完整的项目代号含有高层代号段、（　　）代号段、（　　）代号段和端子代号段。

10. 系统图、框图、电路图等描述了能量流和（　　）。

项目二　简单二维图形的绘制与编辑

项目描述

二维图形是指在二维平面空间绘制的图形，AutoCAD 提供了大量的绘图工具，可以帮助用户完成二维图形的绘制。用户利用 AutoCAD 提供的二维绘图命令，可以快速方便地完成某些图形的绘制。本项目通过对直线、圆和圆弧、椭圆与椭圆弧、平面图形、点、轨迹线与区域填充、多段线、样条曲线和多线等基本命令的学习，最终完成灯具的绘制。

任务一　了解 AutoCAD 2009 操作空间

学习目标

1. 熟悉 AutoCAD 2009 操作界面。
2. 能够设置绘图环境。
3. 能够配置绘图系统。
4. 能够进行文件管理。
5. 能够完成 AutoCAD 2009 的基本输入操作。

建议课时

8 课时。

任务描述

本任务将学习 AutoCAD 2009 绘图的基本知识，了解如何设置图形的系统参数、样板图，熟悉创建新的图形文件、打开已有文件的方法等，为进入系统学习准备必要的知识。

知识链接

一、AutoCAD 简介

AutoCAD 是美国 Autodesk 公司推出的，集二维绘图、三维设计、渲染及通用数据库管理和互联网通信功能为一体的计算机辅助绘图软件包。它自 1982 年推出以来，性能日趋完善，不仅在机械、电子、建筑等工程设计领域得到了广泛的应用，而且在地理、气象、航海，甚至乐谱、灯光、幻灯和广告等领域也得到了多方面的应用，目前已成为微机 CAD 系统中应用最为广泛的图形软件之一。

二、启动与退出 AutoCAD

1. 启动 AutoCAD

当成功安装 AutoCAD 2009 后，双击桌面上的图标，或者单击桌面任务栏“开始”→

“程序”→“Autodesk”→“AutoCAD 2009”中的 AutoCAD 2009 选项，即可启动该软件，进入图 2-1 所示的“AutoCAD 经典”工作空间，同时自动打开一个默认绘图文件。

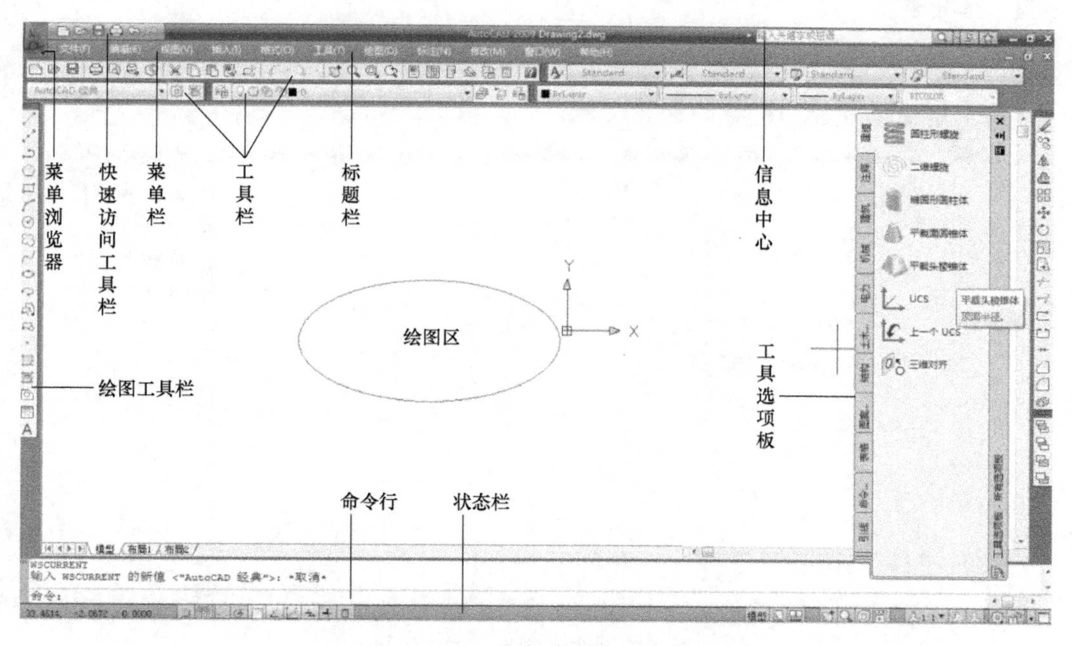

图 2-1　“AutoCAD 经典”工作空间

如果用户为 AutoCAD 的初始用户，那么当启动 AutoCAD 2009 软件后，则会进入如图 2-2 所示的“二维草图与注释”工作空间，这种工作空间是 AutoCAD 2009 新增的一个工作空间，在绘制二维图形与标注二维图形方面，比较方便快捷。

除上述两种工作空间外，AutoCAD 2009 还为用户提供了如图 2-3 所示的“三维建模”

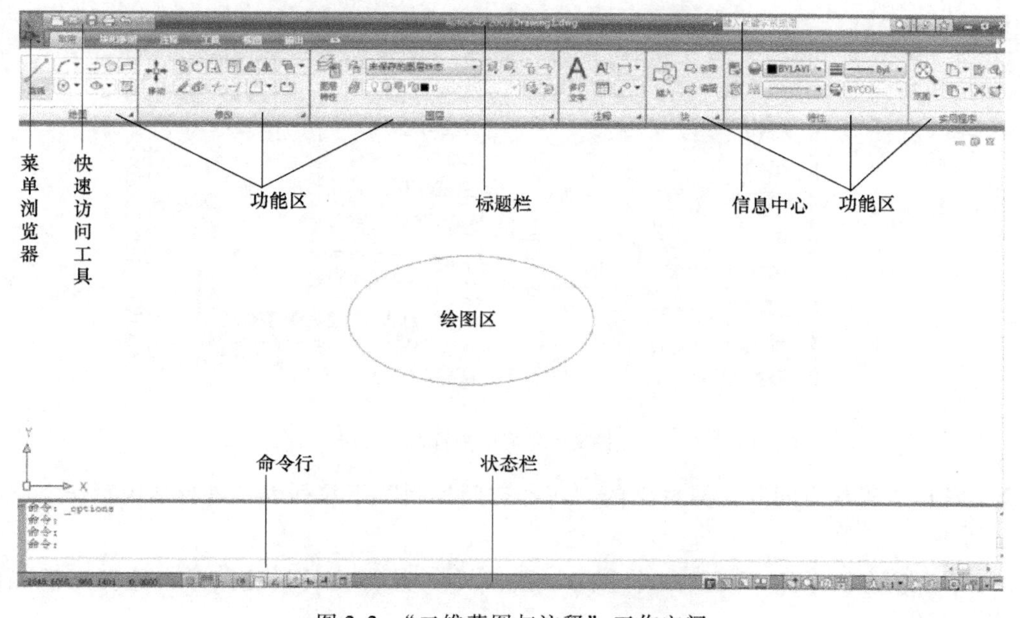

图 2-2　“二维草图与注释”工作空间

工作空间。在此工作空间内，用户可以非常方便地访问新的三维功能，而且新窗口中的绘图区可以显示出渐变背景色、地平面或工作平面（UCS 的 XY 平面）以及新的矩形栅格，从而增强三维效果。

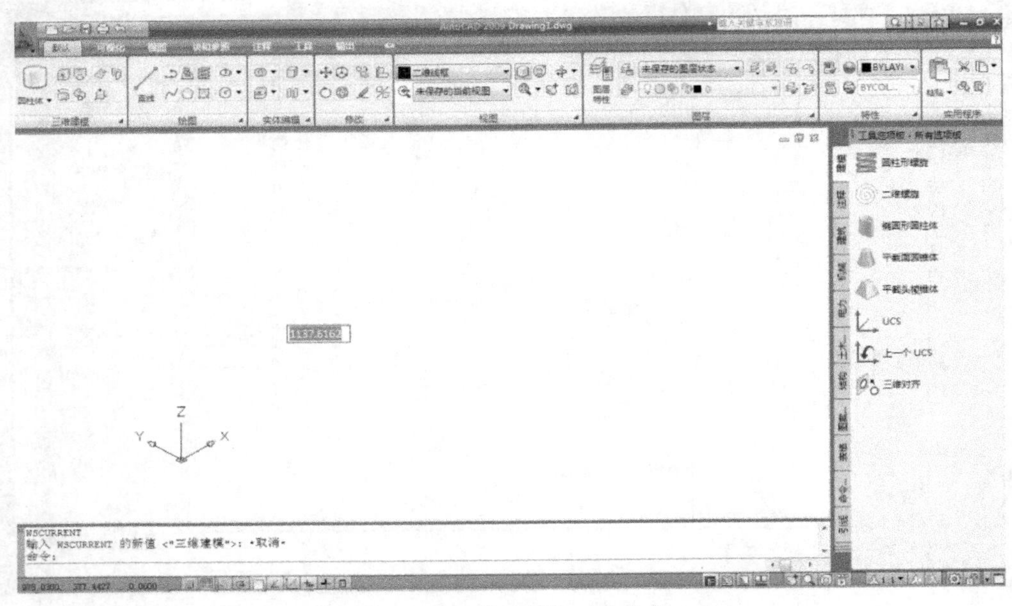

图 2-3 “三维建模”工作空间

另外，用户可以根据自己的作图习惯和需要，选择或自定义工作空间，切换工作空间主要有以下三种方式：

1）单击“菜单浏览器”按钮，选择菜单“工具”→“工作空间”下一级菜单选项，如图 2-4 所示。

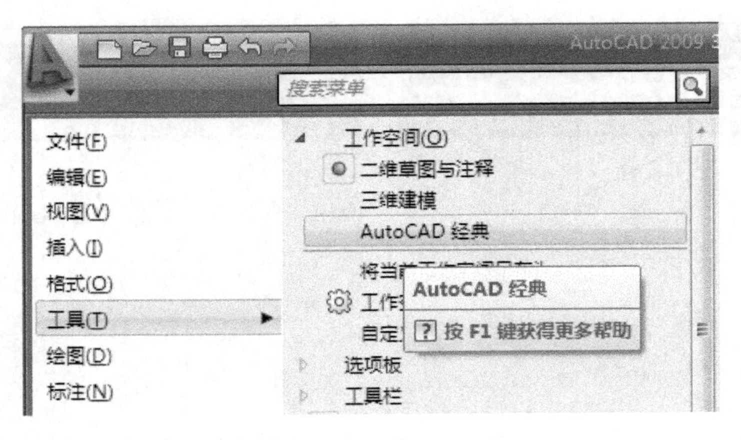

图 2-4 菜单浏览器

2）展开“工作空间”工具栏上的“工作空间控制”下拉列表，进行选用工作空间，如图 2-5 所示。

3）单击状态栏上的“切换工作空间”按钮，从弹出的快捷菜单中选择所需工作空间，如图 2-6 所示。

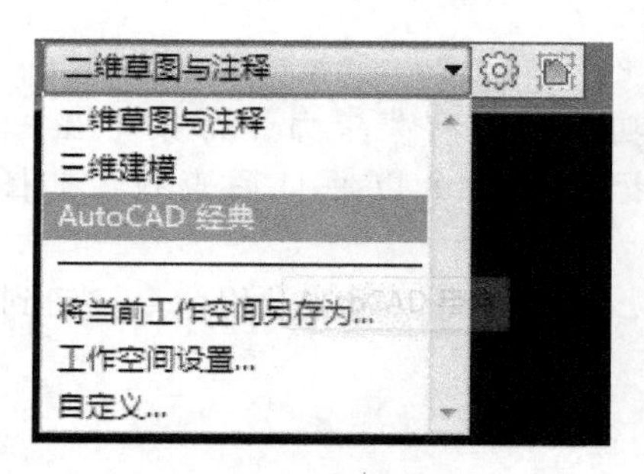

图 2-5 “工作空间控制”下拉列表

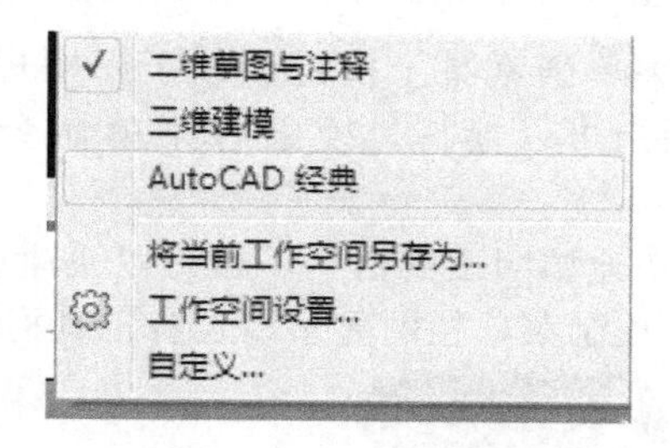

图 2-6 快捷菜单

2. 退出 AutoCAD

当用户需要退出 AutoCAD 2009 绘图软件时，则首先需要退出当前的 AutoCAD 文件，如果当前的绘图文件已经存盘，那么用户可以使用以下几种方式退出 AutoCAD 绘图软件：

1）单击 AutoCAD 2009 界面标题栏右端的控制按钮 。

2）按下键盘上的 <Alt + F4> 组合键。

3）按下键盘上的 <Ctrl + Q> 组合键。

4）单击菜单“文件”→“退出”命令。

5）在命令行中输入“Quit”或“Exit”后，按 Enter 键。

6）展开“菜单浏览器”面板，单击 按钮。

如果用户在退出 AutoCAD 绘图软件之前，没有将当前的 AutoCAD 绘图文件存盘，那么系统将会弹出如图 2-7 所示的提示对话框，单击 按钮，将弹出【图形另存为】对话框，用于对图形进行命名保存；单击 按钮，系统将放弃存盘并退出 AutoCAD 2009；单击 按钮，系统将取消执行的退出命令。

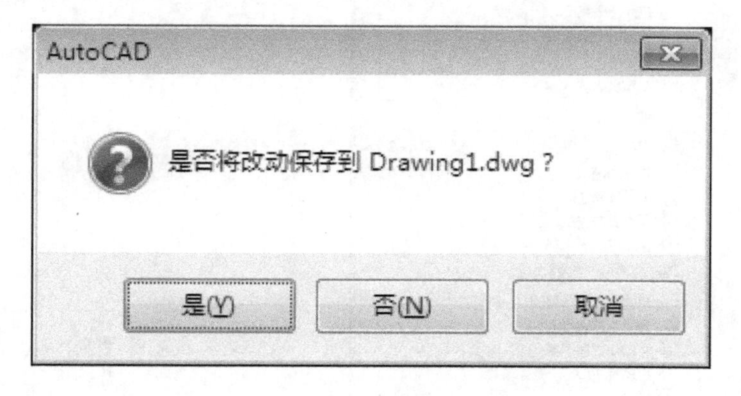

图 2-7 AutoCAD 提示框

三、AutoCAD 2009 界面介绍

AutoCAD 2009 的界面主要包括标题栏、菜单栏、工具栏、绘图区、命令行、状态栏、功能区、选项板等。

1. 标题栏

标题栏位于 AutoCAD 操作界面的最顶部，主要包括菜单浏览器、快速访问工具栏、程

序名称显示区、信息中心和窗口控制按钮五部分内容。

“菜单浏览器”按钮位于标题栏最左端，此功能将所有菜单命令都集中在一个位置，用户可以选择、搜索各菜单命令，也可以标记常用命令以便日后查找，如图 2-8 所示。

“快速访问工具栏”不但可以快速访问某些命令，而且还可以添加常用命令按钮到工具栏上、控制菜单栏的显示以及各工具栏的开关状态等。

小技巧

在“快速访问工具栏”上单击右键，从弹出的右键菜单上就可以实现上述操作。

“程序名称显示区”主要用于显示当前正在运行的程序名和当前被激活的图形文件名称。

“信息中心”可以快速获取所需信息、搜索所需资源等。

“窗口控制按钮”位于标题栏最右端，主要有“最小化”、“恢复/最大化”、“关闭”，分别用于控制 AutoCAD 窗口的大小和关闭。

小技巧

在标题栏的空白区域单击右键，在弹出的右键菜单上也可以控制窗口的大小和关闭窗口等，如图 2-9 所示。

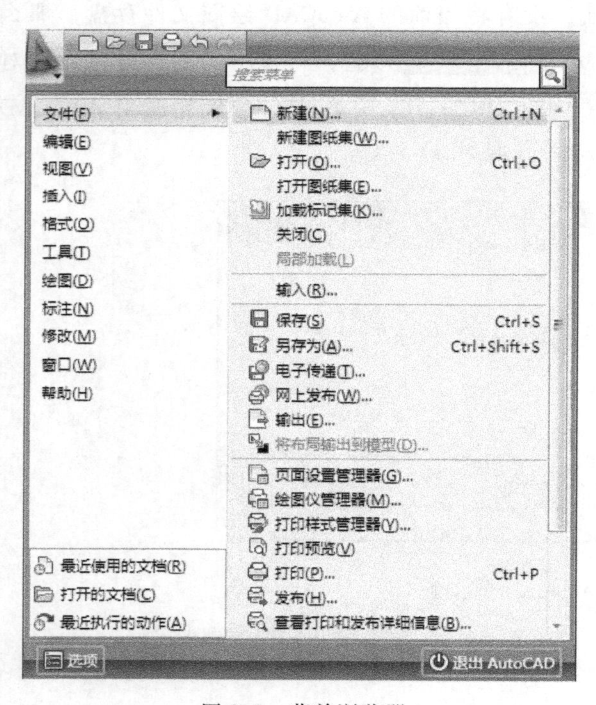

图 2-8　菜单浏览器

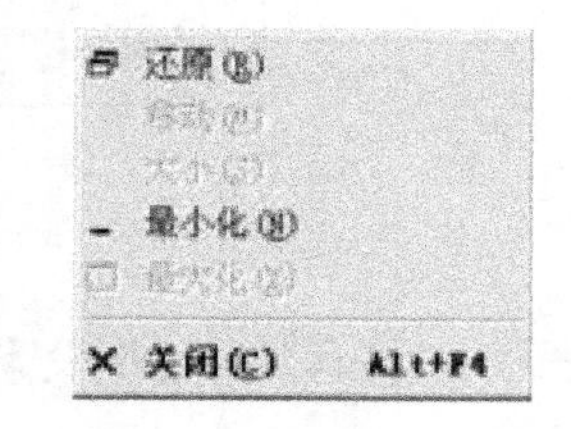

图 2-9　标题栏右键菜单

2. 菜单栏

AutoCAD 为用户提供了“文件”“编辑”“视图”“插入”“格式”“工具”“绘图”“标注”“修改”“窗口”“帮助”共 11 个主菜单，如图 2-10 所示。AutoCAD 的常用制图工具和

管理编辑等工具都分门别类地排列在这些主菜单中，用户可以非常方便地启动各主菜单中的相关菜单项，进行必要的图形绘图工作。具体操作就是在主菜单项上单击左键，展开此主菜单，然后将光标移至需要启动的命令选项上，单击左键即可。

文件(F)　编辑(E)　视图(V)　插入(I)　格式(O)　工具(T)　绘图(D)　标注(N)　修改(M)　窗口(W)　帮助(H)

图 2-10　菜单栏

菜单栏左端的图标就是“菜单浏览器”图标，菜单栏最右边图标按钮是 AutoCAD 文件的窗口控制按钮，如“最小化”、“还原/最大化”、“关闭”，用于控制图形文件窗口的显示。各菜单的主要功能如下：

1）“文件”菜单主要用于对图形文件进行设置、管理和打印发布等。

2）“编辑”菜单主要用于对图形进行一些常规的编辑，包括复制、粘贴、链接等命令。

3）“视图”菜单主要用于调整和管理视图，以方便视图内图形的显示等。

4）“插入”菜单主要用于向文件中引用外部资源，如块、参照、图像等。

5）“格式”菜单用于设置与绘图环境有关的参数和样式等，如绘图单位、颜色、线型及文字、尺寸样式等。

6）“工具”菜单为用户设置了一些辅助工具和常规的资源组织管理工具。

7）“绘图”菜单是一个二维和三维图元的绘制菜单，几乎所有的绘图和建模工具都组织在此菜单内。

8）“标注”菜单是一个专用于为图形标注尺寸的菜单，它包含了所有与尺寸标注相关的工具。

9）“修改”菜单用于对各类图形进行修整、编辑和完善。

10）“窗口”菜单用于对 AutoCAD 文档窗口和工具栏状态进行控制。

11）“帮助”菜单主要用于为用户提供一些帮助性的信息。

小技巧

由于 AutoCAD 2009 为用户提供了“菜单浏览器”功能，所有菜单命令都可以通过“菜单浏览器”执行，因此，默认设置下，“菜单栏”在工作界面中是隐藏的，用户可以使用变量 MENUBAR 进行控制，变量值为 1 时，显示菜单栏；为 0 时，隐藏菜单栏。

3. 工具栏

在绘图窗口的两侧和上侧，以图标按钮形式出现的工具条，则为 AutoCAD 的工具栏，默认设置下，AutoCAD 2009 为用户提供了共 38 种工具栏，如图 2-11 所示。在任一工具栏上单击右键，即可打开此菜单，然后在所需打开的选项上单击左键，即可打开相应的工具栏。

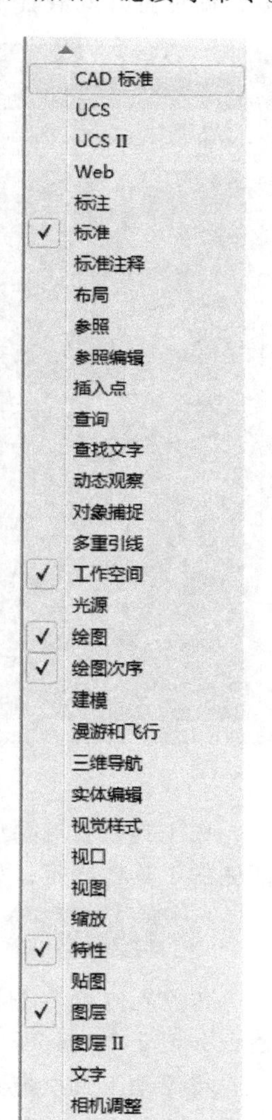

图 2-11　工具栏菜单

小技巧

在工具栏菜单中，带有勾号的表示当前已经打开的工具栏，不带有勾号的表示当前没有打开的工具栏。为了增大绘图空间，通常只将几种常用的工具栏放在用户界面上，而将其他工具栏隐藏，需要时再调出。

使用工具栏执行命令，是最常用的一种方式。用户只需要将光标移至工具按钮上稍作停留，光标指针的下侧就会出现此图标所代表的命令名称，在按钮上单击左键，即可快速激活该命令。AutoCAD 的工具栏包括“浮动工具栏”和“嵌套工具栏”，如图 2-12 所示。默认设置下出现在界面中的工具栏都为“浮动工具栏”，用户可以将任一位置的工具栏拖到其他位置；“嵌套工具栏”就是嵌套在某一工具栏中的工具栏，与菜单栏中的级联菜单性质一样。这种工具栏有一种特殊的小三角标志，将鼠标移到这个三角标志上并按住鼠标左键不放，即可打开此嵌套工具栏。

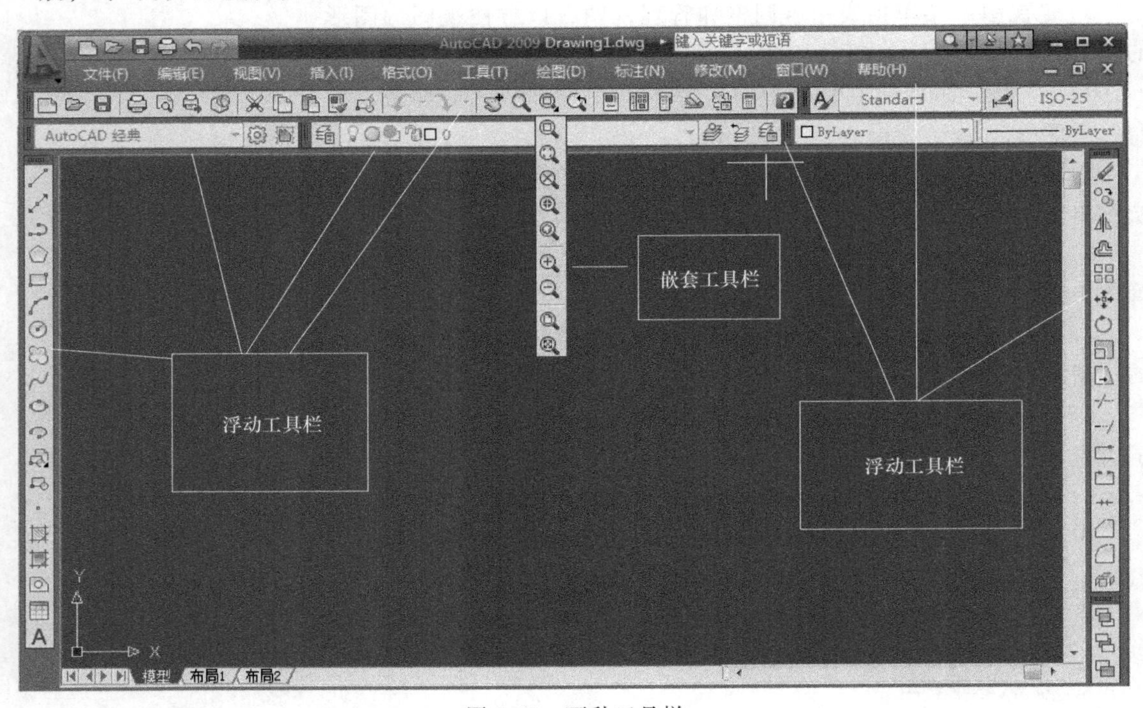

图 2-12　两种工具栏

在工具栏右键菜单上选择“锁定位置”→“固定的工具栏/面板”选项，可以将绘图区四侧的工具栏固定，如图 2-13 所示，工具栏一旦被固定后，是不可以被拖动的。

小技巧

用户也可以单击状态栏上的按钮，从弹出的按钮菜单中控制工具栏和窗口的固定状态，如图 2-14 所示。

将浮动工具栏拖到绘图区，然后单击工具栏一端的按钮，就可以将工具栏关闭；在工具栏右键菜单上勾选某一工具栏选项，即可打开此工具栏。用户可以根据需要，灵活控制工具栏的开关状态。

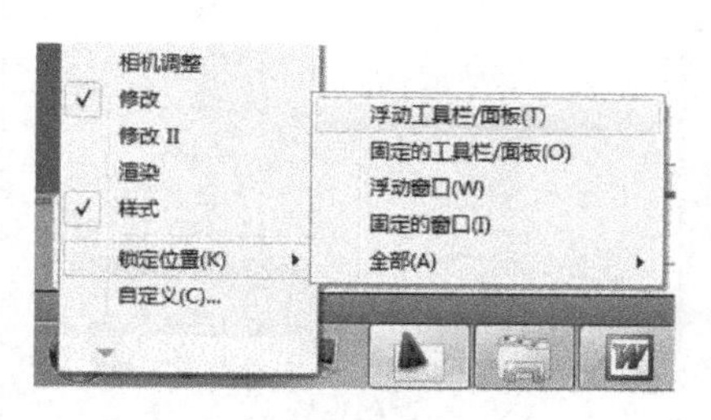

图 2-13　固定工具栏

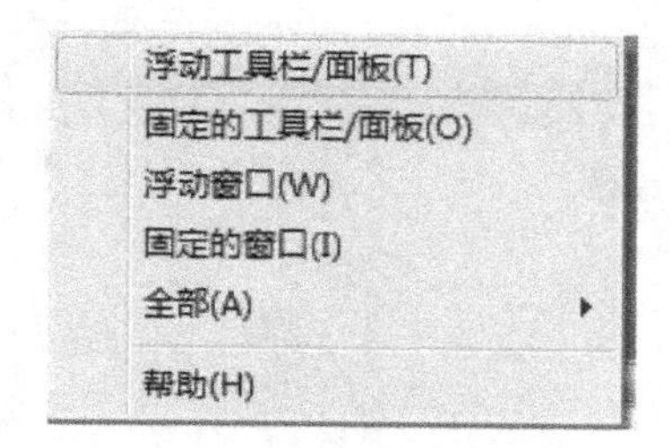

图 2-14　按钮菜单

4. 绘图区

绘图区位于用户界面的正中央，即被工具栏和命令行所包围的整个区域，如图 2-15 所示。此区域是用户的工作区域，图形的设计与修改工作就是在此区域内进行操作的。默认状态下绘图区是一个无限大的电子屏幕，无论尺寸多大或多小的图形，都可以在绘图区中绘制和灵活显示。

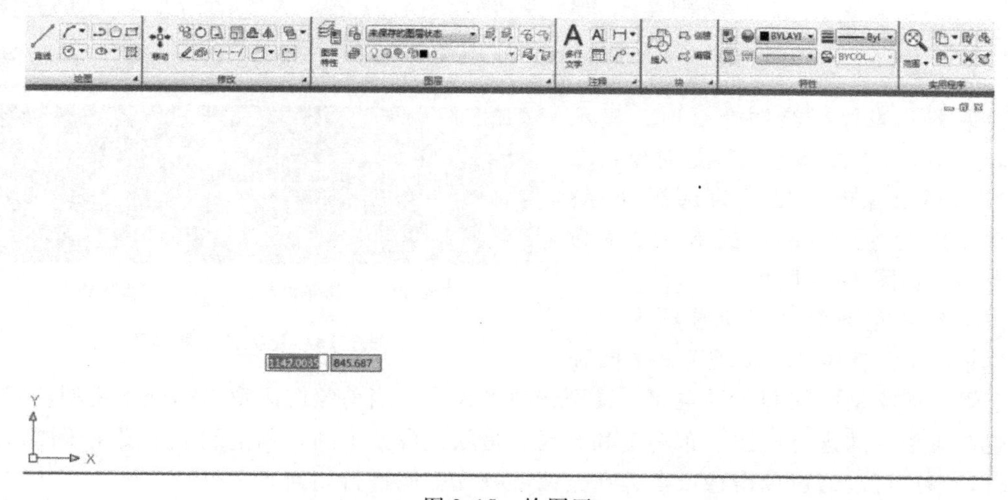

图 2-15　绘图区

默认设置下，绘图区背景色的 RGB 值为 254、252、240，用户可以使用菜单“工具”→“选项”命令更改背景色，下面介绍如何将绘图区背景色更改为白色，操作步骤如下：

1）首先单击菜单“工具”→“选项”命令，或使用快捷键“OP”激活“选项”命令，打开“选项”对话框。

2）展开“显示”选项卡，在“窗口元素”选项组中单击 颜色(C)... 按钮，打开如图 2-16 所示的“图形窗口颜色”对话框。

3）在对话框中展开如图 2-17 所示的“颜色”下拉列表框，在此下拉列表内选择“白”。

4）单击 应用并关闭(A) 按钮返回“选项”对话框。

5）最后单击 确定 按钮，结果绘图区的背景色显示为白色。

当用户移动鼠标时，绘图区会出现一个随光标移动的十字符号，此符号被称为“十字光标”，它是由“拾取点光标”和“选择光标”叠加而成的，其中“拾取点光标”是点的

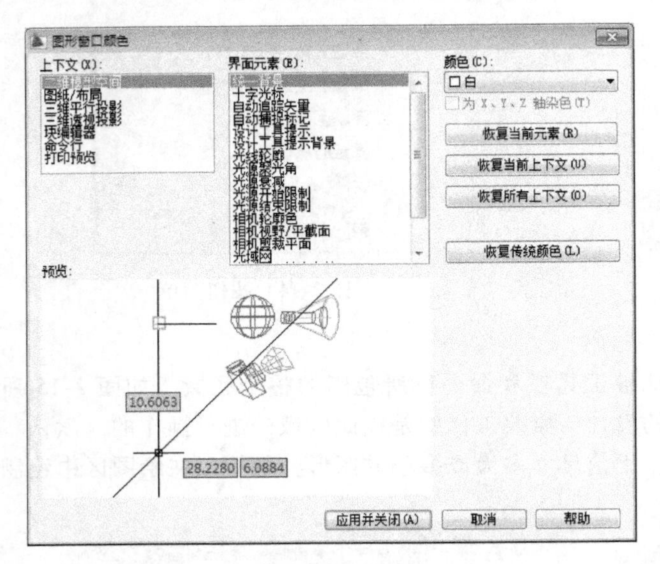

图 2-16 “图形窗口颜色”对话框

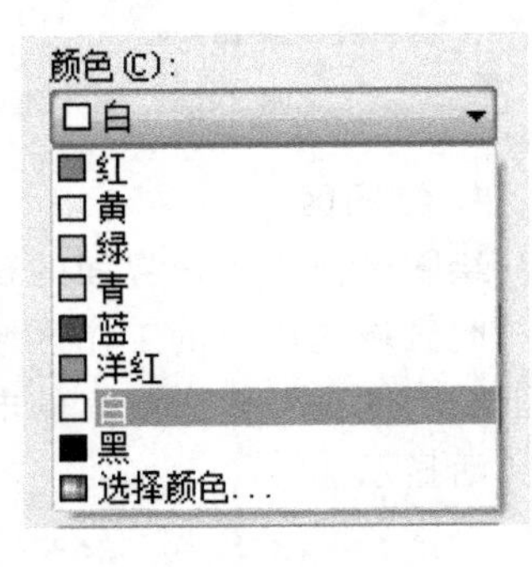

图 2-17 “颜色”下拉列表

坐标拾取器，当执行绘图命令时，显示为拾取点光标；“选择光标”是对象拾取器，当选择对象时，显示为选择光标；当没有任何命令执行的前提下，显示为十字光标，如图 2-18 所示。

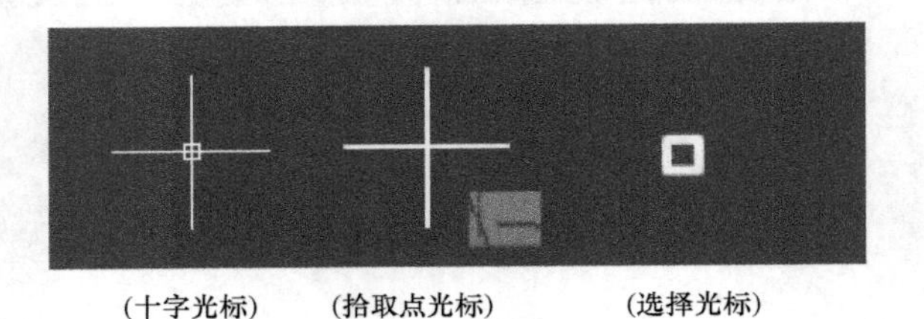

(十字光标)　(拾取点光标)　(选择光标)

图 2-18 光标的三种状态

在绘图区左下部有三个选项卡，即模型、布局 1、布局 2，分别代表了两种绘图空间，即模型空间和布局空间。模型选项卡代表了当前绘图区窗口是处于模型空间，通常我们在模型空间进行绘图。布局 1 和布局 2 是默认设置下的布局空间，主要用于图形的打印输出。用户可以通过单击选项卡，在这两种操作空间进行切换。

5. 命令行

绘图区的下侧则是 AutoCAD 独有的窗口组成部分，即“命令行”，它是用户与 AutoCAD 软件进行数据交流的平台，主要功能就是用于提示和显示用户当前的操作步骤，如图 2-19 所示。

```
命令:
命令:
命令: _options
命令:
```

图 2-19 命令行

命令行分为“命令输入窗口”和“命令历史窗口”两部分，上面两行则为“命令历史窗口”，用于记录执行过的操作信息；下面一行是“命令输入窗口”，用于提示用户输入命令或命令选项。

由于“命令历史窗口”的显示有限，如果需要直观快速地查看更多的历史信息，则可以通过按 F2 功能键，系统则会以“文本窗口”的形式显示历史信息，如图 2-20 所示，再

次按 F2 功能键，即可关闭文本窗口。

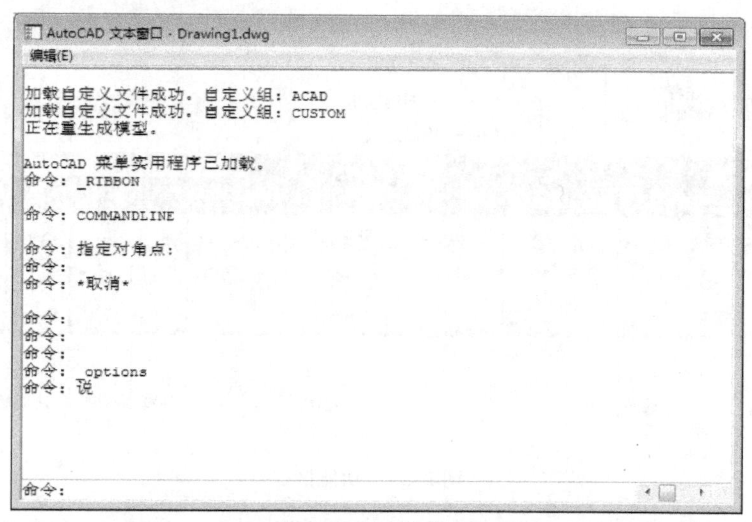

图 2-20　文本窗口

6. 状态栏

图 2-21 所示的状态栏，位于 AutoCAD 操作界面的最底部，它由坐标读数器、辅助功能区、状态栏菜单三部分组成，具体如下：

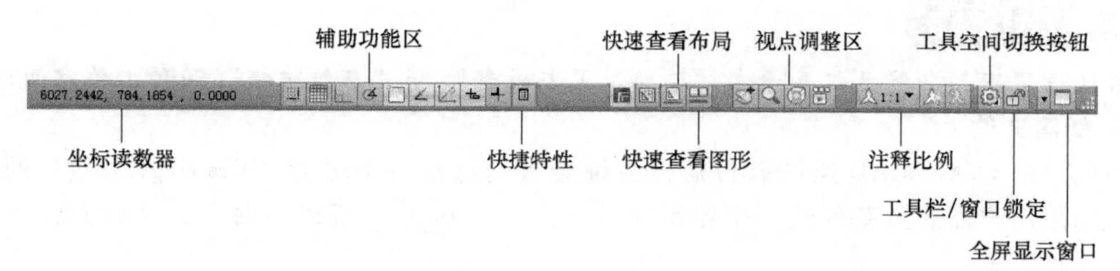

图 2-21　状态栏

1）坐标读数器。状态栏左端为坐标读数器，用于显示十字光标所处位置的坐标值。

2）辅助功能区。辅助功能区左端的按钮，是一些重要的辅助绘图功能按钮，主要用于控制点的精确定位和追踪；中间的按钮用于快速查看布局、查看图形、定位视点、注释比例等；右端的按钮用于对工具栏、窗口等固定，工作空间切换以及绘图区的全屏显示等。

3）状态栏菜单。单击状态栏右侧的小三角，将打开如图 2-22 所示的状态栏快捷菜单，菜单中的各选项与状态栏上的各按钮功能一致，用户也可以通过各菜单项以及菜单中的各功能键控制各辅助按钮的开关状态。

图 2-22　状态栏菜单

7. 功能区

“功能区”是 AutoCAD 2009 新增的一项功能，它代替了 AutoCAD 众多的工具栏，以面板的形式，将各工具按钮分门别类地集

合在选项卡内，如图 2-23 所示。

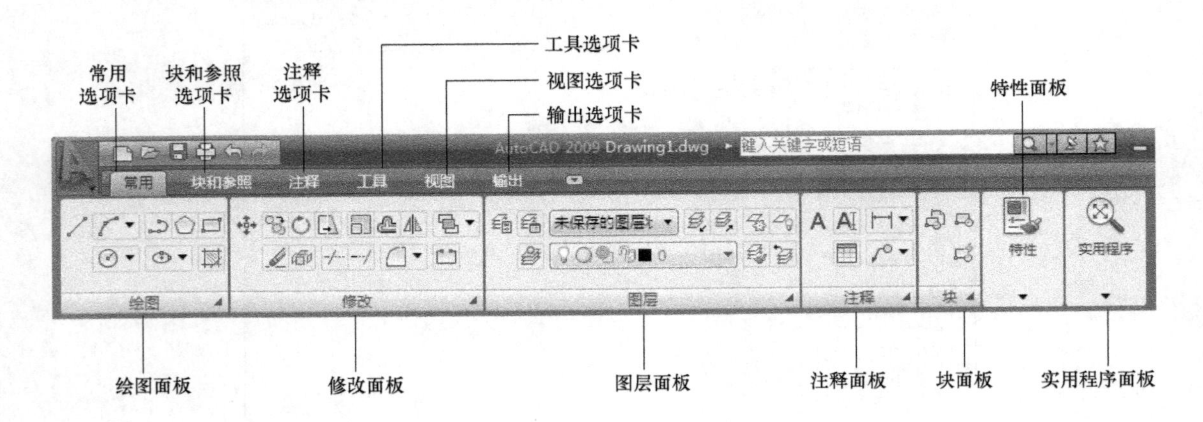

图 2-23　功能区

用户在调用工具时，只需在功能区中展开相应选项卡，然后在所需面板上单击工具按钮即可。由于在使用功能区时，无需再显示 AutoCAD 的工具栏，因此，使得应用程序窗口变得单一、简洁有序。通过这单一、简洁的界面，功能区还可以将可用的工作区域最大化。

小技巧

默认设置下，功能区仅显示在“二维草图与注释”和“三维建模”两种工作空间内。

8. 新建文件

当用户启动 AutoCAD 绘图软件后，系统会自动打开一个名为“Drawing1. dwg”的绘图文件，如果用户需要重新创建一个绘图文件，则需要执行“新建”命令，执行此命令主要有以下几种方式：

1）菜单栏：单击菜单“文件”→“新建”命令。

2）工具栏：单击“标准”工具栏上的按钮。

3）命令行：在命令行输入 New。

4）组合键：<Ctrl + N>。

小技巧

在命令行输入命令后，还需要按键盘上的 Enter 键，才可以激活该命令。

激活“新建”命令后，打开如图 2-24 所示的“选择样板”对话框。在此对话框中，为用户提供了众多的基本样板文件，其中“acadISO-Named Plot Styles. dwt”和“acadiso. dwt”都是公制单位的样板文件，两者的区别就在于前者使用的打印样式为“命名打印样式”，后一个样板文件的打印样式为“颜色相关打印样式”，读者可以根据需求进行取舍。

选择“acadISO-Named Plot Styles. dwt”或“acadiso. dwt”样板文件后单击 打开(O) 按钮，即可创建一张新的空白文件，进入 AutoCAD 的默认设置的二维操作界面。

9. 创建 3D 绘图文件

如果用户需要创建一张三维操作空间的公制单位绘图文件，则可以启动“新建”命令，

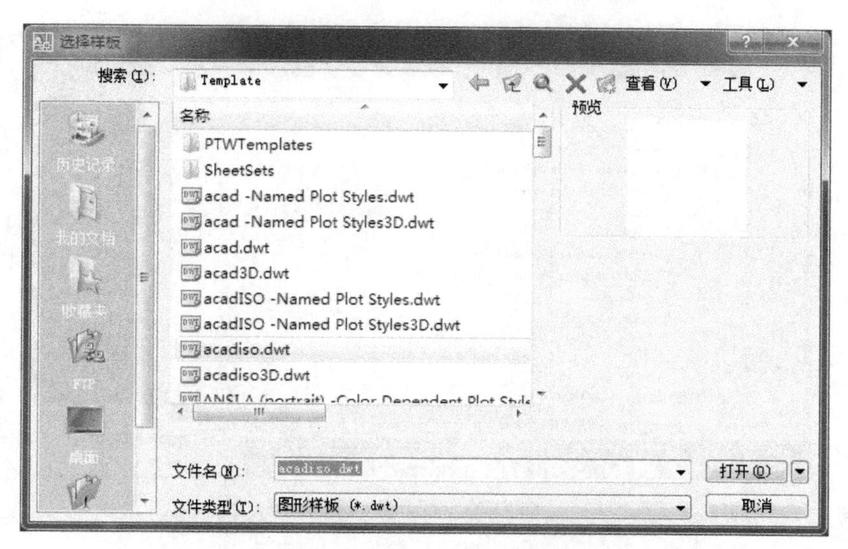

图 2-24　“选择样板”对话框

在打开的“选择样板”对话框中，选择“acadISO-Named Plot Styles3D.dwt”或“acadiso3D.dwt”样板文件作为基础样板，如图 2-25 所示，即可以创建三维绘图文件，进入三维工作空间。

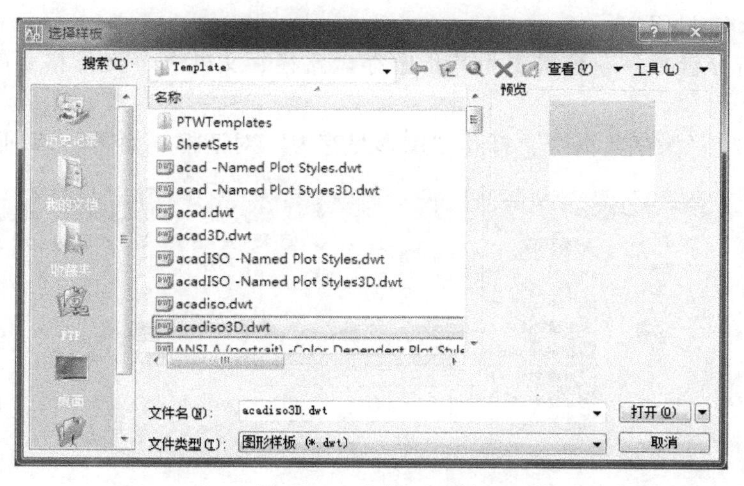

图 2-25　选择 3D 样板

另外，AutoCAD 也为用户提供了“无样板”方式创建绘图文件的功能，具体操作就是启动“新建”命令后，打开“选择样板”对话框，然后单击打开(O)▼按钮右侧的下三角按钮，打开如图 2-26 所示的按钮菜单。

小技巧

在按钮菜单上选择“无样板打开-公制（M）”选项，即可快速新建公制单位的绘图文件。

10. 保存文件

“保存”命令就是用于将绘制的图形以文件的形式进行存盘，存盘的目的就是为了方便

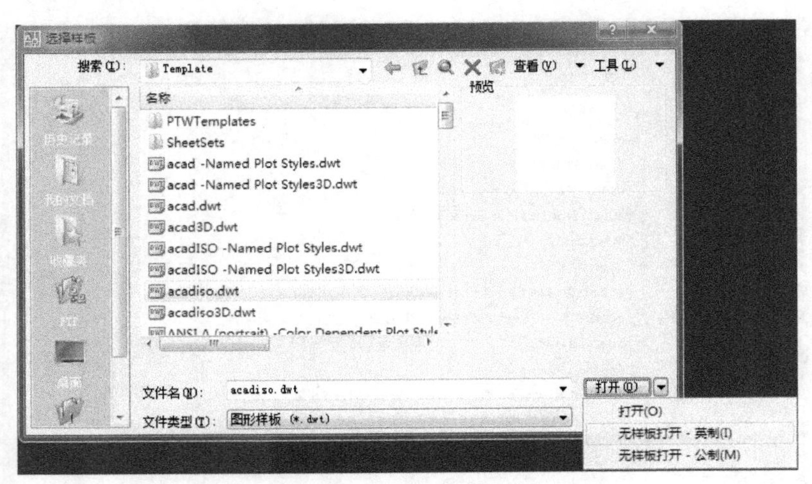

图 2-26　打开按钮菜单

以后查看、使用或修改编辑等。执行“保存”命令主要有以下几种方法：

菜单栏：单击菜单“文件”→“保存”命令。

工具栏：单击“标准”工具栏上的按钮。

命令行：在命令行输入 Save。

组合键：<Ctrl + S>。

将图形进行存盘时，一般需要为其指定存盘路径、文件名、文件格式等，其操作过程如下：

1）首先启动“保存”命令，打开“图形另存为”对话框，如图 2-27 所示。

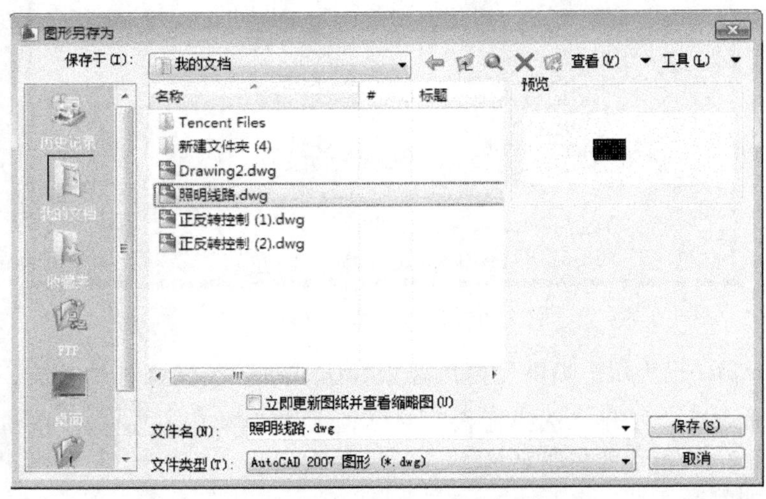

图 2-27　“图形另存为”对话框

2）设置存盘路径，单击上侧的“保存于”列表，在展开的下拉列表内设置存盘路径。

3）设置文件名，在“文件名”文本框内输入文件的名称，如“我的文档”。

4）设置文件格式，单击对话框底部的“文件类型”下拉列表，在展开的下拉列表框内设置文件的格式类型，如图 2-28 所示。

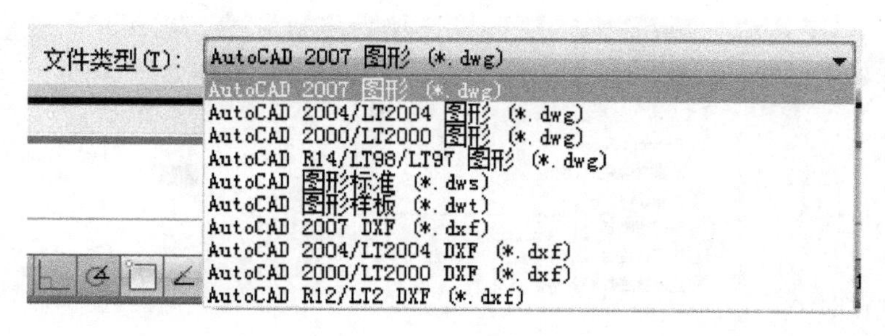

图 2-28　设置文件格式

小技巧

默认的存储类型为"AutoCAD 2007 图形（*.dwg)"，使用此种格式将文件被存盘后，只能被 AutoCAD 2007 及其以后的版本所打开，如果用户需要在 AutoCAD 早期版本中打开此文件，必须使用低版本的文件格式进行存盘。

5）当设置好路径、文件名以及文件格式后，单击 保存(S) 按钮，即可将当前文件存盘。

当用户在已存盘图形的基础上进行了其他的修改工作，又不想将原来的图形覆盖，可以使用"另存为"命令，将修改后的图形以不同的路径或不同的文件名进行存盘。执行"另存为"命令主要有以下两种方法：

菜单栏：单击菜单"文件"→"另存为"命令。

组合键：< Ctrl + Shift + S >。

11. 打开文件

当用户需要查看、使用或编辑已经存盘的图形时，可以使用"打开"命令，将此图形打开。执行"打开"命令主要有以下几种方式：

1）菜单栏：单击菜单"文件"→"打开"命令。

2）工具栏：单击"标准"工具栏上的按钮。

3）命令行：在命令行输入 Open。

4）组合键：< Ctrl + O >。

激活"打开"命令后，系统将打开"选择文件"对话框，在此对话框中选择需要打开的图形文件，如图 2-29 所示。单击 打开(O) 按钮，即可将此文件打开。

12. 清理文件

有时为了给图形文件进行"减肥"，以减小文件的存储空间，可以使用"清理"命令，将文件内部的一些垃圾资源（如图层、样式、图块等）进行清理。

执行"清理"命令主要有以下两种方法：

1）菜单栏：单击菜单"文件"→"图形实用程序"→"清理"命令。

2）命令行：在命令行输入"Purge"或"PU"。

激活"清理"命令，系统可打开如图 2-30 所示的"清理"对话框，在此对话框中，带有"+"号的选项，表示该选项内含有未使用的垃圾项目，单击该选项将其展开，即可选择需要清理的项目，如果用户需要清理文件中的所有未使用的垃圾项目，可以单击对话框底

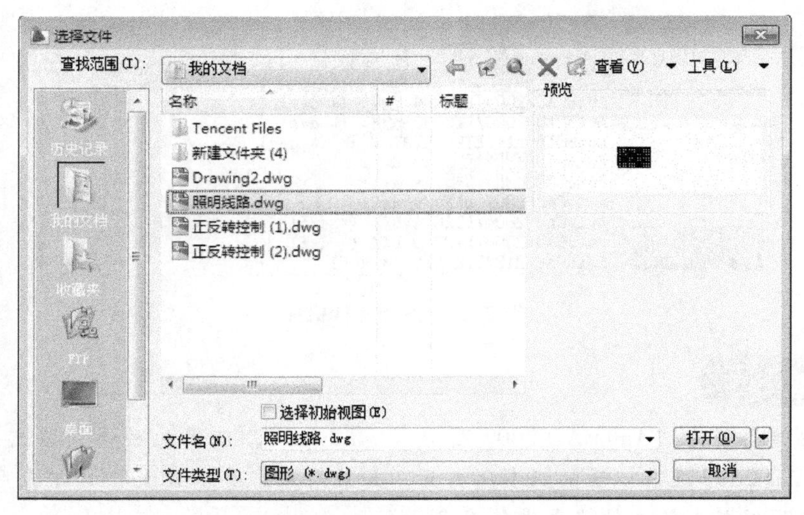

图 2-29 “选择文件”对话框

部的 全部清理(A) 按钮。

13. 常用的几种图形选择技能

“图形的选择”也是 AutoCAD 的基本技能之一，它常用于对图形进行修改编辑之前。常用的选择方式有点选、窗口选择和窗交选择三种。

1）点选 “点选”是最基本、最简单的一种对外选择方式，此种方式一次仅能选择一个对象。在命令行“选择对象:”的提示下，系统自动进入点选模式，此时光标指针切换为矩形选择框状，将选择框放在对象的边沿上单击左键，即可选择该图形，被选择的图形对象以虚线显示，如图 2-31 所示。

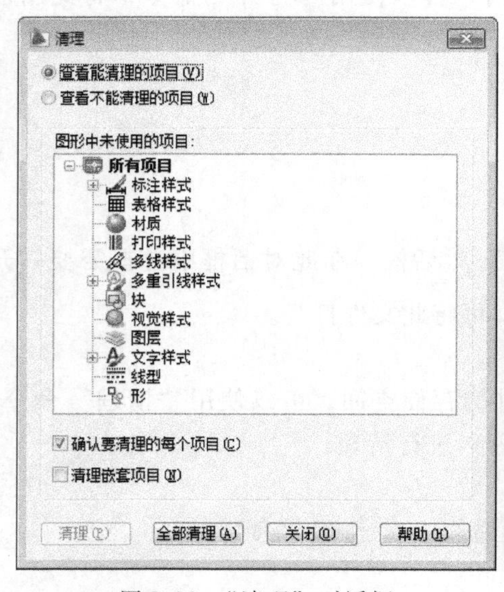

图 2-30 “清理”对话框

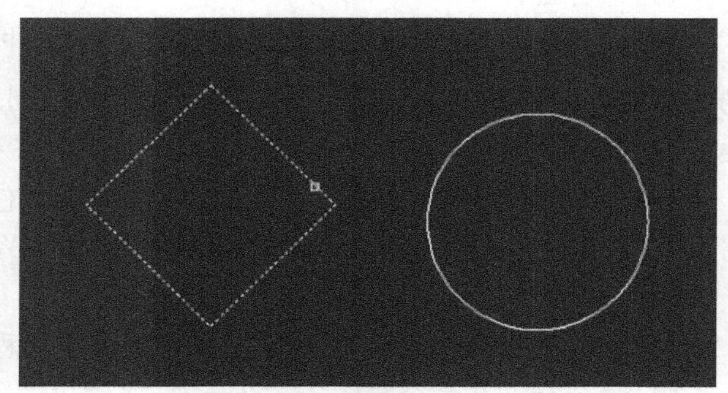

图 2-31 点选示例

2）窗口选择 “窗口选择”也是一种常用的选择方式，使用此方式一次也可以选择多个对象。在命令行“选择对象:”的提示下从左向右拉出一矩形选择框，此选择框即为窗口

选择框，选择框以实线显示，内部以浅蓝色填充，如图 2-32 所示。

当指定窗口选择框的对角点之后，所有完全位于框内的对象都能被选择，如图 2-33 所示。

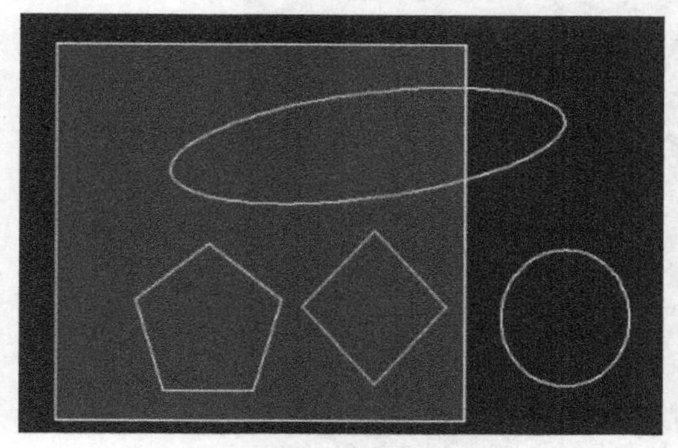

图 2-32　窗口选择框

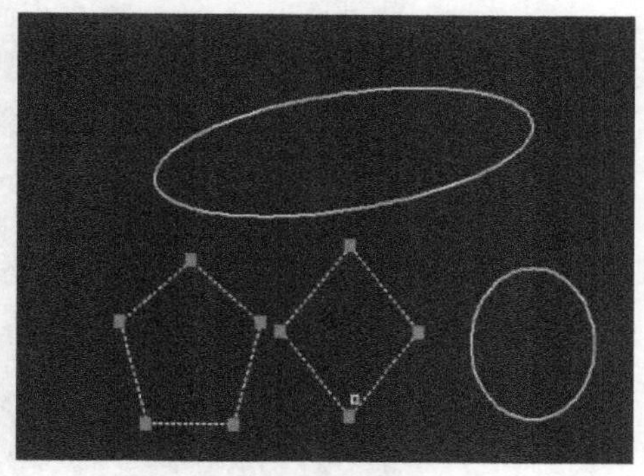

图 2-33　选择结果

3）窗交选择　“窗交选择”是使用频率非常高的选择方式，使用此方式一次也可以选择多个对象。在命令行“选择对象:”提示下从右向左拉出一矩形选择框，此选择框即为窗交选择框，选择框以虚线显示，内部以绿色填充，如图 2-34 所示。

当指定选择框的对角点之后，所有与选择框相交和完全位于选择框内的对象才能被选择，如图 2-35 所示。

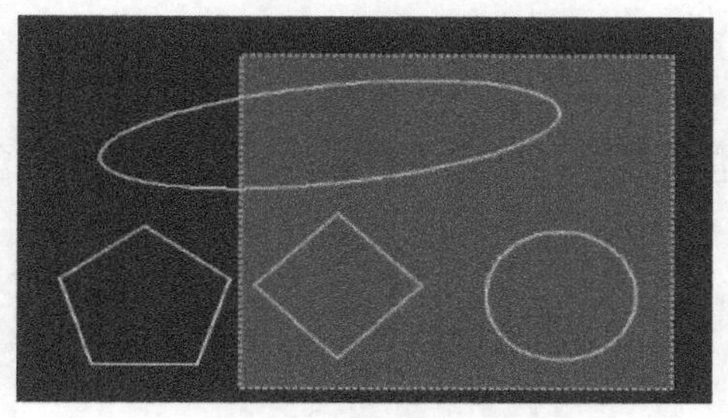

图 2-34　窗交选择框

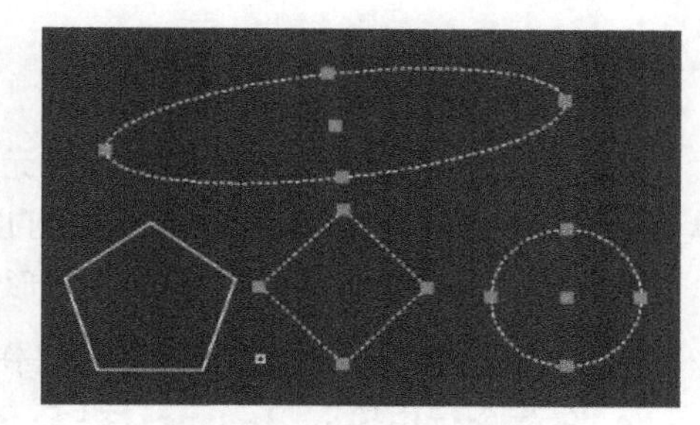

图 2-35　选择结果

任务二　绘制灯具

学习目标

1. 掌握精确绘图工具的使用方法。
2. 了解对象捕捉的设置与应用。
3. 会使用修剪、图案填充等命令完成灯具的绘制。

建议课时

10 课时。

任务描述

本任务通过绘制如图 2-36 所示的灯具，掌握精确绘图工具的使用方法，了解对象捕捉

的设置与应用，通过使用圆弧、多边形、镜像、图案填充等命令完成灯具的绘制。

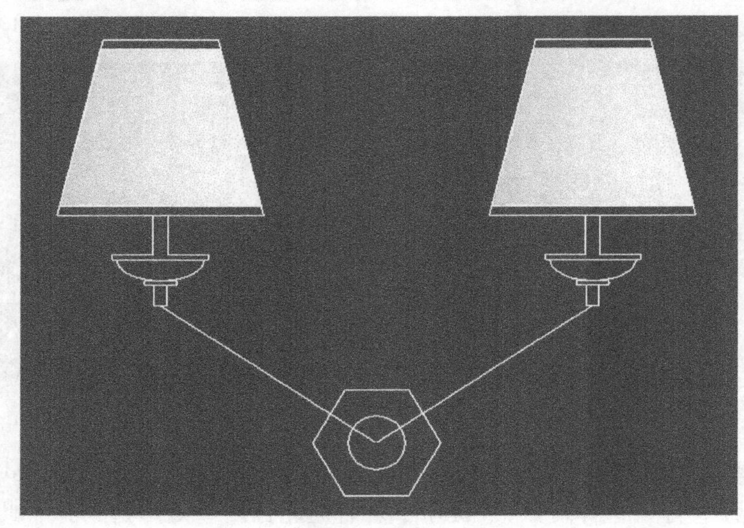

图 2-36 灯具

知识链接

基本命令

1. 矩形

“矩形”命令用于绘制由四条直线元素围成的闭合图形，这四条直线元素被看作是一个单独的对象。执行“矩形”命令主要有以下方法：

- 单击“绘图”菜单栏中的“矩形”命令。
- 单击“绘图”工具栏上的按钮。
- 在命令行中输入 Rectang，按 Enter 键。
- 在命令行中输入命令，简写 REC，按 Enter 键。

默认设置状态下画矩形的方式为“对角点”方式，用户只需定位出矩形的两个对角点，即可绘制矩形，具体操作步骤如下：

1）创建空白文件。

2）单击“绘图”工具栏上的按钮。

3）执行“矩形”命令后，命令行操作过程如下：

```
命令：_rectang
指定第一个角点或［倒角(C)/标高(E)/圆角(F)/厚度(T)/宽度(W)］：
//拾取一点,定位矩形第一角点
指定另一个角点或［面积(A)/尺寸(D)/旋转(R)］：//@200,100,按 Enter 键
```

绘制结果如图 2-37 所示。

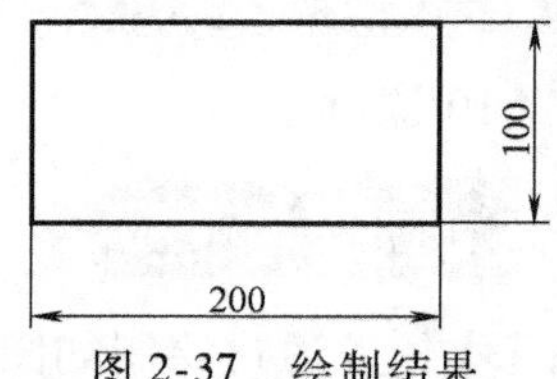

图 2-37 绘制结果

小技巧

“面积”选项用于根据矩形的面积和矩形一条边的长度，精确绘制矩形；“旋转”选项用于为矩形指定放置角度。

另外一种常用的绘制矩形的方式为“尺寸”方式，用户只需指定尺寸的长度和宽度，即可绘制矩形，操作过程如下：

1）新建空白文件。

2）单击“绘图”工具栏上的按钮。

3）执行“矩形”命令后，命令行操作过程如下：

```
命令：_rectang
指定第一个角点或［倒角(C)/标高(E)/圆角(F)/厚度(T)/宽度(W)］：
指定另一个角点或［面积(A)/尺寸(D)/旋转(R)］：  //d,按 Enter 键,激活“尺寸”选项
指定矩形的长度 < 10.0000 >：//200,按 Enter 键,输入矩形长度
指定矩形的宽度 < 10.0000 >：//100,按 Enter 键,输入矩形宽度
指定另一个角点或［面积(A)/尺寸(D)/旋转(R)］：  //指定矩形的位置
```

小技巧

最后一个操作步骤仅仅是用来确定矩形的位置，即确定另一个角点相对于第一角点的位置。如果在第一角点的左侧拾取点，则另一个角点位于第一个角点的左侧，反之位于右侧。

2. 圆

“圆”是一种闭合的图形元素，AutoCAD 共为用户提供了六种画圆方式，如图 2-38 所示。

执行“圆”命令主要有以下几种方法：

- 单击“绘图”菜单栏中的“圆”级联菜单中的各种命令。
- 单击“绘图”工具栏上的按钮。
- 在命令行中输入 Circle，按 Enter 键。
- 使用命令简写 C，按 Enter 键。

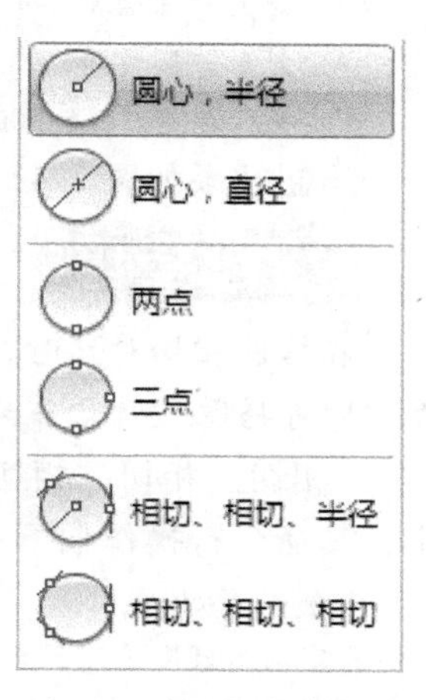

图 2-38　六种画圆方式

1）定距画圆。“定距画圆”包括“半径画圆”和“直径画圆”，这是两种基本的画圆方式，默认方式为“半径画圆”。当用户定位出圆的圆心之后，只需输入圆的半径，即可精确画圆。命令行操作过程如下：

```
命令：_circle
指定圆的圆心或［三点(3P)/两点(2P)/相切、相切、半径(T)］：
//在绘图区拾取一点作为圆的圆心
指定圆的半径或［直径(D)］：//150,按 Enter 键
```

绘制结果如图 2-39 所示。

小技巧

激活“直径”选项，即可以直径方式画圆。

2）定点画圆。“定点画圆”包括“两点画圆”和“三点画圆”两种方式，用户只需在圆周上定位出两点或三点，即可精确画圆。两点画圆命令行操作如下：

```
命令：_circle
指定圆的圆心或［三点(3P)/两点(2P)/相切、相切、半径(T)］：
//2P 按 Enter 键,激活两点选项
```

指定圆直径的第一个端点：//取一点 A 作为直径的第一个端点

指定圆直径的第二个端点：//拾取另一点 B

绘制结果如图 2-40 所示。

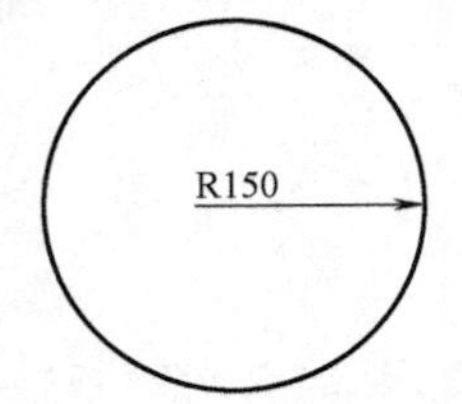

图 2-39　定距画圆

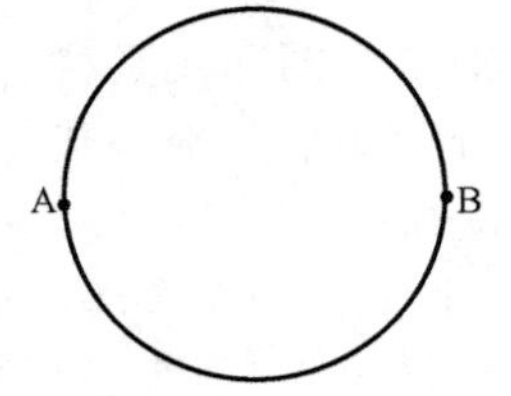

图 2-40　定点画圆

小技巧

用户也可以通过输入两点的坐标值，或使用对象的捕捉追踪功能定位两点，以精确画圆。

3）画相切圆。AutoCAD 为用户提供了"相切、相切、半径"和"相切、相切、相切"两种画相切圆的方法。前一种相切方式是分别拾取两个相切对象后，再输入相切圆的半径，其命令行操作如下：

命令：_circle

指定圆的圆心或［三点(3P)/两点(2P)/相切、相切、半径(T)］：

指定对象与圆的第一个切点：//在线段的下端单击左键

指定对象与圆的第二个切点：//在小圆的下侧边缘上单击左键

指定圆的半径 <56.0000>：//100 按 Enter 键

绘制结果如图 2-41 所示。

小技巧

在拾取相切对象时，系统会自动在距离光标最近的对象上显示出一个相切符号，此时单击左键即可拾取该对象作为相切对象。另外光标拾取的位置不同，绘制的相切圆位置也不同。

"相切、相切、相切"方式是直接拾取三个相切对象，系统自动定位相切圆的位置和大小，其命令行操作如下：

命令：_circle

指定圆的圆心或［三点(3P)/两点(2P)/相切、相切、半径(T)］：_3p

指定圆上的第一个点：_tan 到 //拾取斜面线段作为第一相切对象

指定圆上的第二个点：_tan 到 //拾取小圆作为第二相切对象

指定圆上的第三个点：_tan 到 //拾取大圆作为第三相切对象

结果如图 2-42 所示。

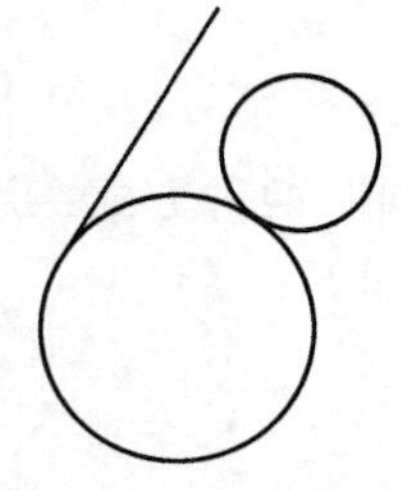
图 2-41　相切、相切、半径

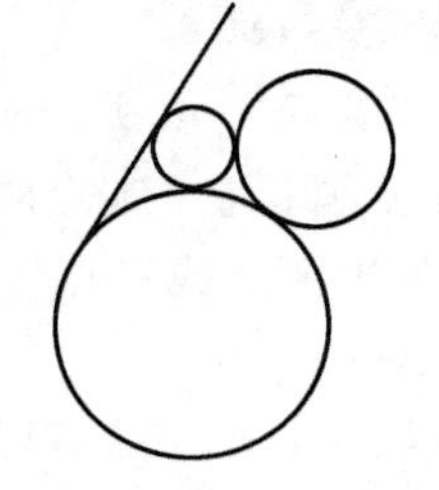
图 2-42　相切、相切、相切

3. 修剪

“修剪”命令用于沿着指定的修剪边界，修剪掉目标对象中不需要的部分。执行“修剪”命令主要有以下几种方法：

- 单击“绘图”菜单栏中的“修剪”命令。
- 单击“修改”工具栏上的按钮。
- 在命令行中输入 Trim，按 Enter 键。
- 使用命令简写 TR，按 Enter 键。

首先绘制如图 2-43 所示的两组图线，然后执行“修剪”命令后，对倾斜图线进行修剪。操作过程如下：

命令：_trim

当前设置：投影 = UCS，边 = 无

选择剪切边

选择对象或 <全部选择>：//选择刚绘制的水平直线

选择对象：//按 Enter 键，结束对象的选择

选择要修剪的对象，或按住 Shift 键选择要延伸的对象，或[栏选(F)/窗交(C)/投影(P)/边(E)/删除(R)/放弃(U)]：//在倾斜直线的下端单击左键

选择要修剪的对象，或按住 Shift 键选择要延伸的对象，或[栏选(F)/窗交(C)/投影(P)/边(E)/删除(R)/放弃(U)]：//按 Enter 键

结果如图 2-44 所示。

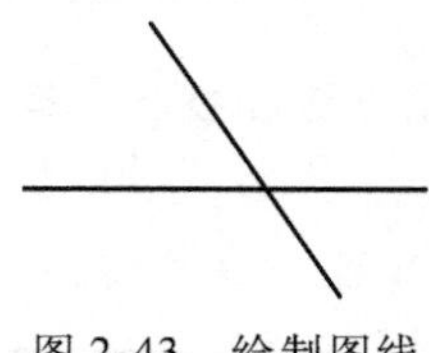

图 2-43　绘制图线

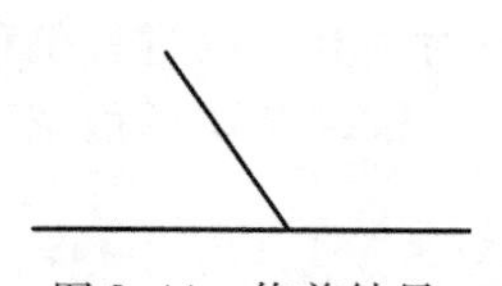

图 2-44　修剪结果

小技巧

选择修剪对象时，鼠标单击的位置不同，修剪后的结果也不同。

选项解析如下：

“栏选”选项是一种对象选择方式，在选择对象时需要绘制一条或多条栅栏线，所有与栅栏线相交的对象都会被选择。

“窗交”选项主要以窗交选择的方式，一次选择多个修剪对象。

“投影”选项用于设置三维空间剪切实体的不同投影方法。

“删除”选项用于选择一些修剪不彻底的对象。

“边”选项用于确定修剪边的延伸模式，具体有“延伸模式”和“不延伸模式”，前者表示剪切边界可以无限延长，边界与被剪实体不必相交；后者表示剪切边界只有与被剪实体相交时才有效。

系统默认设置下的修剪模式为“不延伸模式”。下面通过具体的实例，学习“延伸模式”下的修剪。操作步骤如下：

1）绘制如图 2-45 所示的两条图线。

2）执行“修剪”命令，根据 AutoCAD 命令行提示修剪图线。命令行操作过程如下：

命令：_trim

当前设置：投影 = UCS，边 = 无

选择剪切边

选择对象或 <全部选择>：//选择刚绘制的水平直线

选择对象：//按 Enter 键，结束选择

选择要修剪的对象，或按住 Shift 键选择要延伸的对象，或[栏选(F)/窗交(C)/投影(P)/边(E)/删除(R)/放弃(U)]：//e 按 Enter 键，激活“边”选项

输入隐含边延伸模式 [延伸(E)/不延伸(N)] <不延伸>：//E 按 Enter 键，设置延伸模式

选择要修剪的对象，或按住 Shift 键选择要延伸的对象，或[栏选(F)/窗交(C)/投影(P)/边(E)/删除(R)/放弃(U)]：//在斜线段的下侧单击

选择要修剪的对象，或按住 Shift 键选择要延伸的对象，或[栏选(F)/窗交(C)/投影(P)/边(E)/删除(R)/放弃(U)]：//按 Enter 键

修剪结果如图 2-46 所示。

4. 偏移

“偏移”命令用于将图线按照一定的距离或指定的点进行偏移。执行“偏移”命令主要有以下几种方法：

- 单击“修改”菜单栏中的“偏移”命令。
- 单击“修改”工具栏上的按钮。
- 在命令行中输入 Offset，按 Enter 键。
- 使用命令简写 O，按 Enter 键。

下面通过对圆和直线进行偏移，学习“偏移”命令的使用方法和技巧。操作如下：

1）绘制如图 2-47 所示的图形。

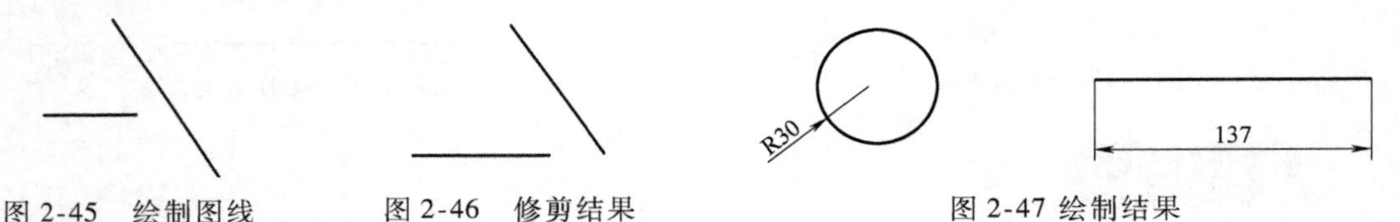

图 2-45　绘制图线　　图 2-46　修剪结果　　图 2-47 绘制结果

2）距离偏移。启动“偏移”命令，命令行操作过程如下：

命令：_offset

当前设置：删除源 = 否　图层 = 源　OFFSETGAPTYPE = 0

指定偏移距离或 [通过(T)/删除(E)/图层(L)] <10.0000>：//20 按 Enter 键

选择要偏移的对象，或 [退出(E)/放弃(U)] <退出>：//单击圆形作为偏移对象

指定要偏移的那一侧上的点，或 [退出(E)/多个(M)/放弃(U)] <退出>：//在圆的外侧拾取一点

选择要偏移的对象，或 [退出(E)/放弃(U)] <退出>：//单击直线作为偏移对象

指定要偏移的那一侧上的点，或 [退出(E)/多个(M)/放弃(U)] <退出>：//在直线上侧拾取一点

选择要偏移的对象，或[退出(E)/放弃(U)] <退出>：//按 Enter 键

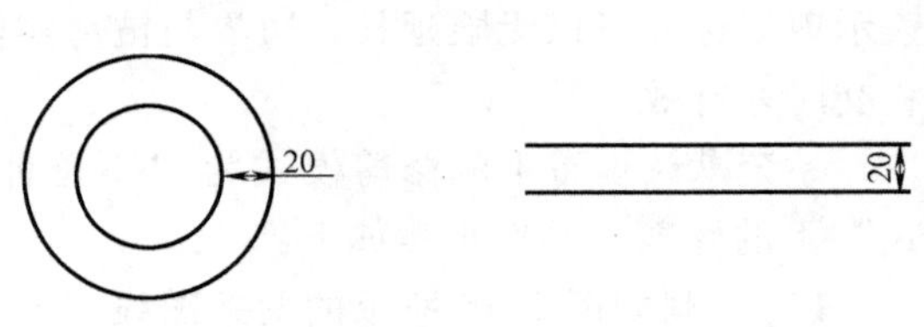

图 2-48　距离偏移

结果如图 2-48 所示。

小技巧

“删除”选项用于将源偏移对象删除，“图层”选项用于设置偏移后的对象所在图层。

3）定点偏移。重复“偏移”命令，AutoCAD 命令行操作过程如下：

命令：_offset

当前设置：删除源 = 否　图层 = 源　OFFSETGAPTYPE = 0

指定偏移距离或［通过(T)/删除(E)/图层(L)］<20.0000>：

// t 按 Enter 键，激活“通过”选项

选择要偏移的对象，或［退出(E)/放弃(U)］<退出>：//单击圆作为偏移对象

指定通过点或［退出(E)/多个(M)/放弃(U)］<退出>：//捕捉直线的外端点

选择要偏移的对象，或［退出(E)/放弃(U)］<退出>：

//按 Enter 键

结果如图 2-49 所示。

5. 正多边形

“正多边形”命令用于绘制等边、等角的闭合几何图形。执行“正多边形”命令主要有以下几种方法：

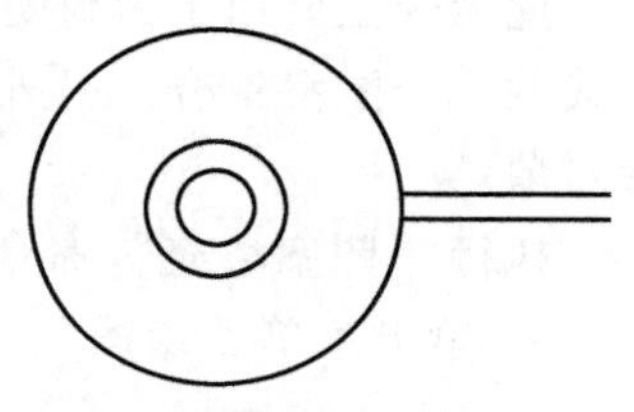

图 2-49　定点偏移

- 单击“绘图”菜单栏中的“正多边形”命令。
- 单击“绘图”工具栏上的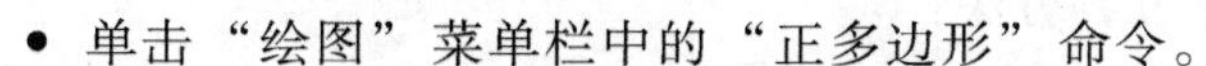按钮。
- 在命令行中输入 Polygon，按 Enter 键。
- 使用命令简写 POL，按 Enter 键。

默认设置下是以“内接于圆”方式绘制正多边形的，所绘制的正多边形被看作是一条闭合的多段线边界。使用此方式绘制正多边形，需要用户指定正多边形外接圆的半径。命令行操作如下：

命令：_polygon

输入边的数目 <4>：//5 按 Enter 键，设置正多边形的边数

指定正多边形的中心点或［边(E)］：//拾取一点作为中心点

输入选项［内接于圆(I)/外切于圆(C)］<I>：//按 Enter 键，采用当前设置

指定圆的半径：//150 按 Enter 键，输入外接圆半径

结果如图 2-50 所示。

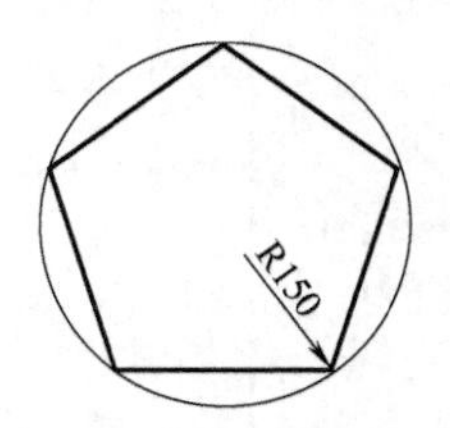

图 2-50　“内接于圆”方式

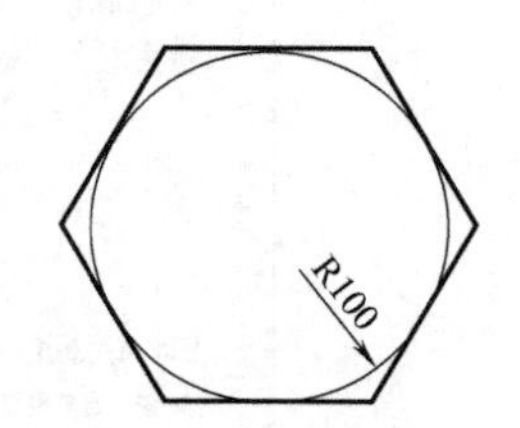

图 2-51　“外切于圆”方式

小技巧

“外切于圆”选项是通过输入多边形内切圆的半径，精确定位正多边形，如图 2-51 所示。

“边”方式画多边形是通过输入多边形一条边的边长，来精确绘制正多边形的。在具体

定位边长时，需要分别定位出边的两个端点。命令行操作过程如下：

```
命令：_polygon
输入边的数目 <4>：//6 按 Enter 键，设置边数
指定正多边形的中心点或 [边(E)]：//e 按 Enter 键
指定边的第一个端点：//拾取一点作为边的一个端点
指定边的第二个端点：//@ 100,0 按 Enter 键
```

绘制结果如图 2-52 所示。

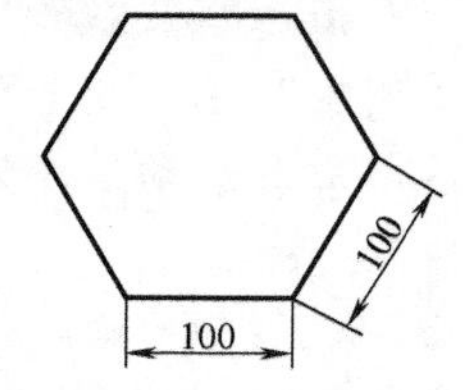

图 2-52　边”方式示例

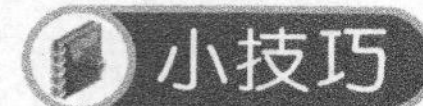

使用按“边”方式绘制正多边形，在指定边的两个端点 A、B 时，系统按从 A 至 B 的顺序以逆时针方向绘制正多边形。

6. 图案填充

此命令主要用于为封闭区域填充矢量图案。所谓“图案”，是指由多种类型的矢量线条构成的一个图案集合。另外，AutoCAD 将填充后的图案看作是一个整体，是一个单独的图形对象。

执行“图案填充”命令主要有以下几种方法：

- 单击菜单“绘图”→“图案填充”命令。
- 单击“绘图”工具栏上的按钮。
- 在命令行中输入 Hatch，按 Enter 键。
- 使用快捷键 H，按 Enter 键。

执行“图案填充”命令后，系统将打开如图 2-53 所示的“图案填充和渐变色”对话框，其中有“图案填充”和“渐变色”两个选项卡，分别用于为指定区域填充图案和渐变色。

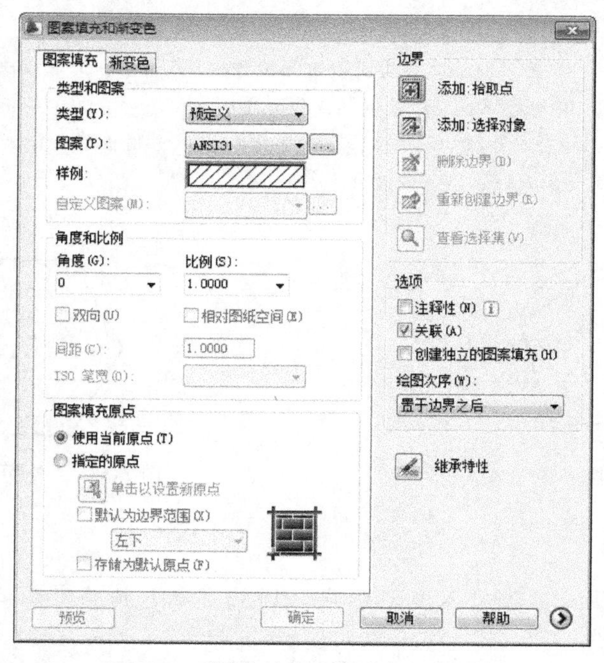

图 2-53　“图案填充和渐变色”对话框

下面通过实例学习“填充预定义图案”的方法和技巧。操作步骤如下：

1）绘制长度为200mm、宽度为100mm的矩形。

2）单击“绘图”工具栏上的按钮，在打开的对话框中单击“图案”列表右端的按钮，打开“填充图案选项板”对话框，选择如图2-54所示的图案。

3）单击 确定 按钮返回“图案填充和渐变色”对话框，设置填充比例为2，其他填充参数不变。

4）单击“添加：拾取点”按钮，返回绘图区在矩形内部拾取一点，此时系统自动分析出填充边界，并以虚线显示。

小技巧

“添加：拾取点”按钮用于以拾取点的方式指定填充边界，“添加：选择对象”按钮用于直接选择需要填充的闭合边界。如果选择了不需要的区域，可单击鼠标右键，从弹出的菜单中选择“放弃上次选择/拾取”或“全部清除”命令。

5）按Enter键返回“图案填充和渐变色”对话框，然后单击 预览 按钮，提前预览填充效果，如图2-55所示。

6）如果填充效果不理想，可以按Esc键返回“图案填充和渐变色”对话框，重新调整图案的填充参数，最后单击 确定 按钮，结束命令。

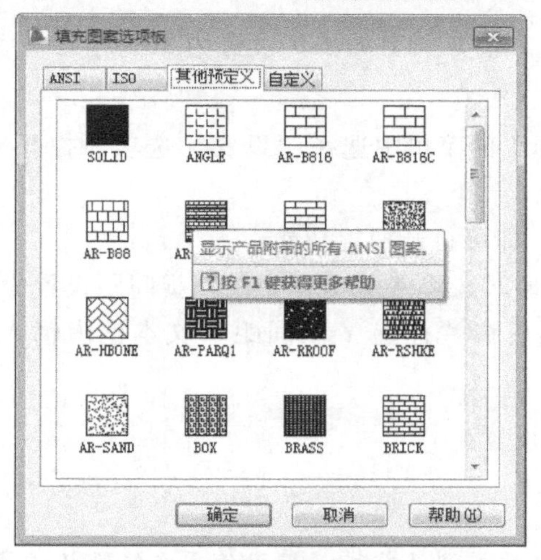

图2-54　选择图案

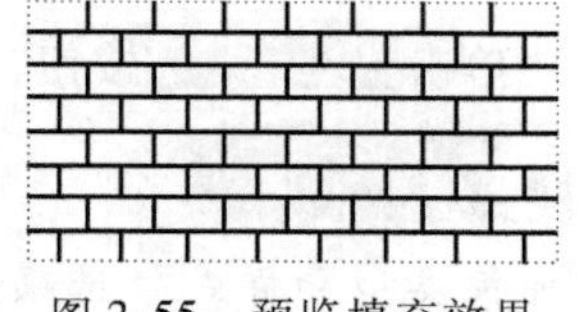

图2-55　预览填充效果

7. 设置捕捉

“捕捉”功能用于控制十字光标，使其按照用户定义的间距进行移动，从而精确定位点。利用此功能，可以将鼠标的移动设定一个固定的步长，如5或10，从而使绘图区的光标在X轴、Y轴方向的移动量总是步长的整数倍，以提高绘图的精度。

执行“捕捉”功能主要有以下几种方式：

- 单击状态栏上的按钮或 捕捉 按钮（或在此按钮上单击右键，选择右键菜单上的“启用”选项。

● 使用功能键 F9。

单击菜单“工具”→“草图设置”命令，在弹出的对话框中勾选“启用捕捉”复选项，如图 2-56 所示。

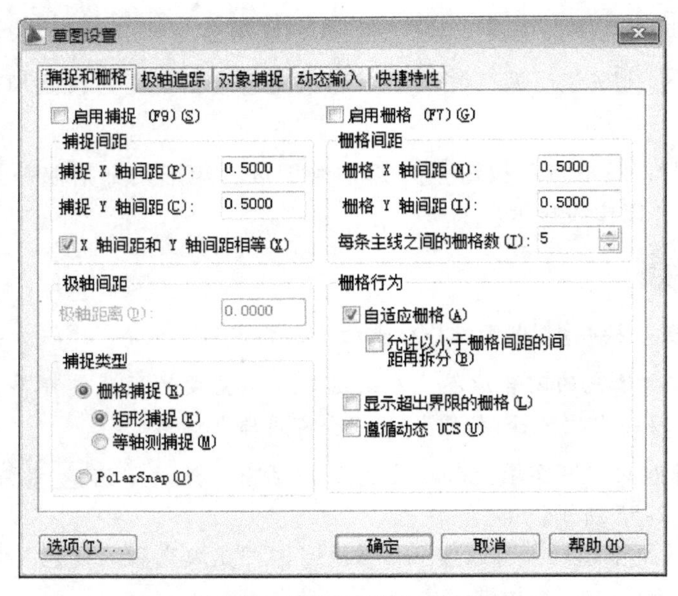

图 2-56 “草图设置”对话框

下面通过将 X 轴方向上的步长设置为 20、Y 轴方向上的步长设置为 30，学习“步长捕捉”功能的参数设置和启用操作。具体操作过程如下：

1）用右键单击状态栏上的 捕捉 按钮，在弹出的菜单中选择“设置”选项，打开“草图设置”对话框。

2）在对话框中勾选“启用捕捉”复选项，即可打开捕捉功能。

3）在“捕捉 X 轴间距”文本框内输入数值 20，将 X 轴方向上的捕捉间距设置为 20。

4）取消“X 和 Y 间距相等”复选项，然后在“捕捉 Y 轴间距”文本框内输入数值，如 30，将 Y 轴方向上的捕捉间距设置为 30。

5）单击 确定 按钮，完成捕捉参数的设置。

小技巧

“捕捉类型和样式”选项组，用于设置捕捉的类型及样式，建议使用系统默认设置。

8. 设置栅格

“栅格”功能主要以栅格点的形式分布于图形界限区域内，给用户提供直观的距离和位置参照，如图 2-57 所示。

所谓“栅格点”，指的就是一些虚拟的参照点，它不是一些真正存在的对象点，它仅仅显示在图形界限内，只作为绘图的辅助工具出现，不是图形的一部分，也不会被打印输出。执行“栅格”功能主要有以下几种快速方式：

图 2-57 栅格

● 使用功能键 F7。

● 使用组合键 < Ctrl + G >。

单击状态栏上的按钮或按钮（或在此按钮上单击右键，选择右键菜单上选择“启用”选项。

小技巧

如果用户开启了“栅格”功能后，绘图区并没有显示出栅格点，这是因为当前图形界限太大或太小，导致栅格点太密或太稀的缘故，需要修改栅格点之间的距离。

9. 设置对象捕捉

如图 2-58 所示，线段显示三个夹点，圆显示五个夹点，矩形显示四个夹点等。这些图形对象上的夹点就是图形的特征点，而 AutoCAD 提供的“对象捕捉”功能，就是专用于捕捉这些图形对象的特征点，以精确画图。

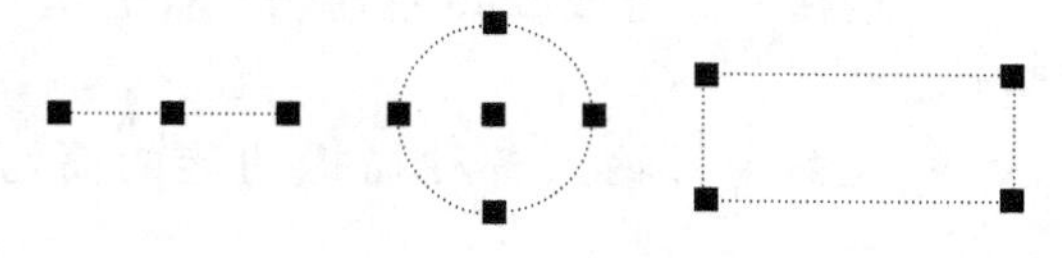

图 2-58　图形特征点

AutoCAD 提供了 13 种对象捕捉模式，这些捕捉工具分别以对话框和菜单栏的形式出现，以对话框形式出现的捕捉功能为对象的自动捕捉功能，如图 2-59 所示。在此对话框内一旦设置了某种捕捉模式后，系统将一直保持着这种捕捉模式，只到用户取消为止，所以被称为自动对象捕捉。

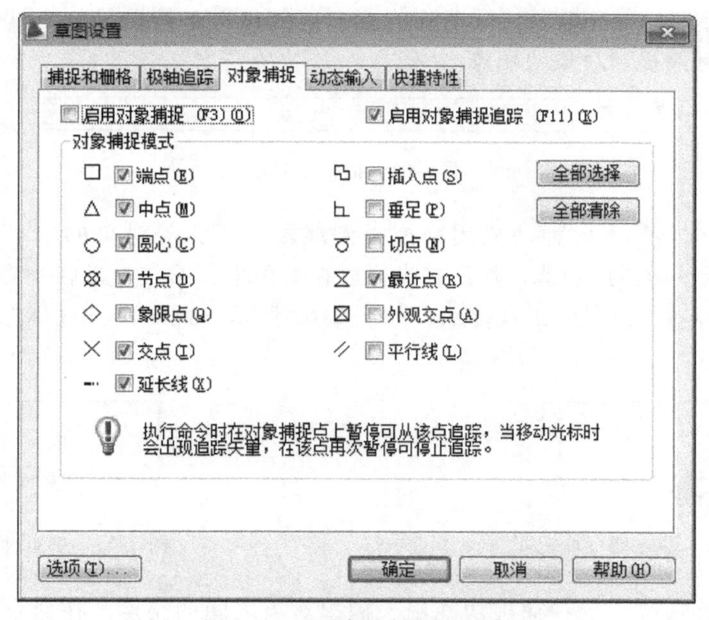

图 2-59　“对象捕捉”选项卡

执行自动对象捕捉功能主要有以下几种方式：

● 单击状态栏上的按钮或按钮（或在此按钮上单击右键，选择右键菜单上的“启用”选项。

● 使用功能键 F3。

● 单击菜单“工具”→“草图设置”命令，在弹出的对话框中勾选“启用对象捕捉”

复选项。

10. 设置临时捕捉

“临时捕捉”功能位于图 2-60 所示的菜单上，其工具按钮位于图 2-61 所示的“对象捕捉”工具栏上。临时捕捉功能是一次性的捕捉功能，即激活一次捕捉模式之后，系统仅允许使用一次，如果用户需要连续使用该捕捉功能，则需要重复激活临时捕捉模式。

执行“临时捕捉”功能主要有以下几种方式：

- 单击“对象捕捉”工具栏中的各捕捉按钮。
- 按住 Ctrl 键或 Shift 键单击鼠标右键，在弹出的菜单上选择捕捉工具。
- 在命令行输入各种捕捉功能的简写，如_ mid、_ int 和_ endp 等。

13 种临时捕捉功能的含义与操作如下：

1）捕捉到端点。此种捕捉功能用来捕捉图形对象的端点。比如线段端点，矩形、多边形的角点等。在命令行出现“指定点”提示下激活此功能，然后将光标放在对象上，系统自动在距离光标最近位置处显示端点标记符号，同时在光标右下侧显示工具提示，如图 2-62 所示，此时单击鼠标左键即可捕捉到对象的端点。

临时追踪点(K)
自(F)
两点之间的中点(T)
点过滤器(T)
端点(E)
中点(M)
交点(I)
外观交点(A)
延长线(X)
圆心(C)
象限点(Q)
切点(G)
垂足(P)
平行线(L)
节点(D)
插入点(S)
最近点(R)
无(N)
对象捕捉设置(O)...

图 2-60 临时捕捉菜单

图 2-61 捕捉工具栏

2）捕捉到中点。此种功能用来捕捉到线段、圆弧等对象的中点。在命令行出现“指定点”的提示下激活此功能，然后将光标放在对象上，系统自动在中点处显示中点标记符号，同时在光标右下侧显示工具提示，如图 2-63 所示，此时单击鼠标左键即可捕捉到对象中点。

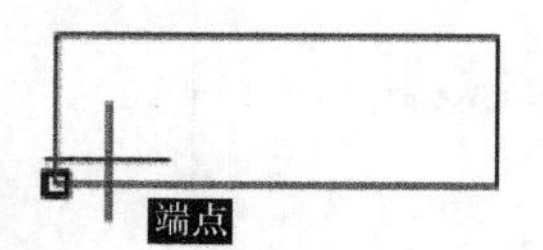

图 2-62 端点捕捉标记

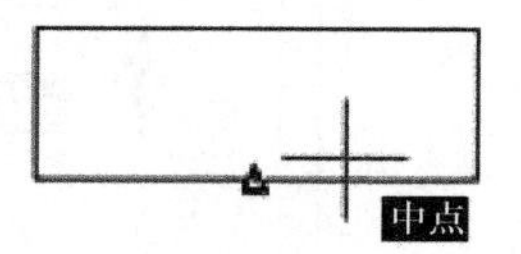

图 2-63 中点捕捉标记

3）捕捉到交点。此种捕捉功能用于捕捉对象之间的交点。在命令行“指定点”的提示下激活此功能，然后将光标放在其中的一个相交对象上，此时会出现一个“延伸交点”的标记符号，如图 2-64 所示，单击鼠标左键拾取该对象作为相交对象，然后再将光标放到另外一个相交对象上，系统自动在两对象的交点处显示交点标记符号，如图 2-65 所示，单击左键就可以捕捉到该交点。

4）捕捉到外观交点。此种捕捉功能用于捕捉三维空间内，对象在当前坐标系平面内投影的交点，也可用于在二维制图中捕捉各对象的相交点或延伸交点。

5）捕捉到延长线。此种捕捉用来捕捉线段或弧延长线上的点。在命令行“指定点”的提示下激活此功能，将光标放在对象的一端拾取需要延伸的一端，然后沿着延长线方向移动光标，系统会自动在延长线处引出一条追踪虚线，如图 2-66 所示，此时单击鼠标左键，或输入一距离值，即可在对象延长线上精确定位点。

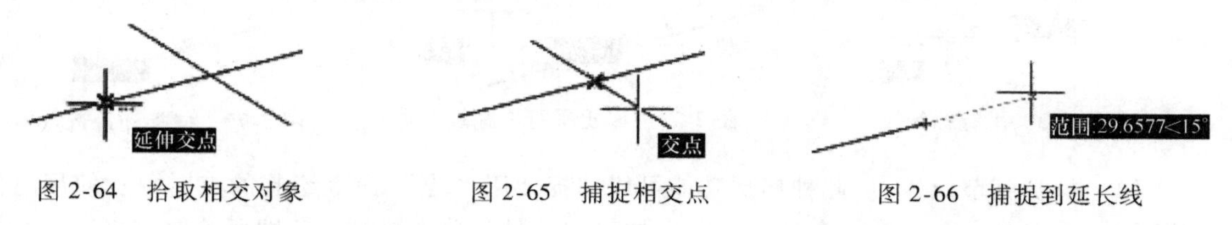

图 2-64　拾取相交对象　　图 2-65　捕捉相交点　　图 2-66　捕捉到延长线

6）捕捉到圆心。此种捕捉功能用来捕捉圆、弧或圆环的圆心。在命令行“指定点”的提示下激活此功能，然后将光标放在圆或圆弧等对象的边缘上，也可直接放在圆心位置上，系统自动在圆心处显示圆心标记符号，如图 2-67 所示，此时单击鼠标左键即可捕捉到圆心。

7）捕捉到象限点。此功能用于捕捉圆、弧的象限点。一个圆四等分后，每一部分称为一个象限，象限在圆的连接部位即是象限点。拾取框总是捕捉离它最近的那个象限点，如图 2-68 所示。

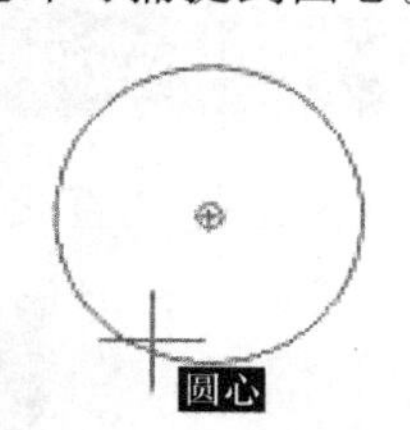

图 2-67　捕捉到圆心

8）捕捉到切点。此种捕捉功能常用于绘制圆或弧的切线。在命令行“指定点”的提示下激活此功能，将光标放在圆或弧的边缘上，系统会自动在切点处显示切点标记符号，如图 2-69 所示，此时单击鼠标左键即可捕捉到切点，绘制出对象的切线，结果如图 2-70 所示。

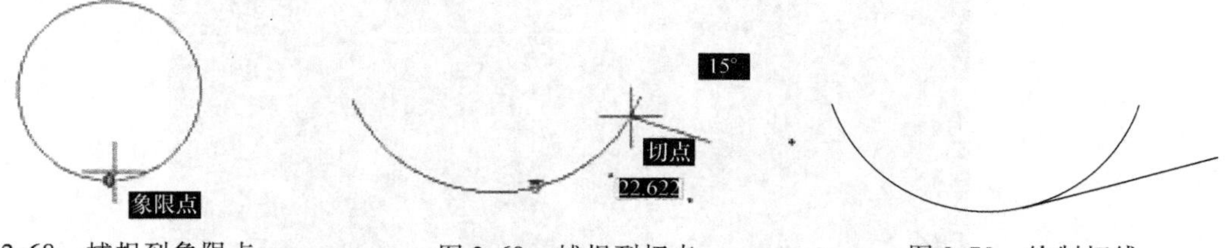

图 2-68　捕捉到象限点　　图 2-69　捕捉到切点　　图 2-70　绘制切线

9）捕捉到垂足。此种捕捉功能常用于绘制对象的垂线。在命令行“指定点”的提示下激活此功能，将光标放在对象边缘上，系统会自动在垂足点处显示垂足标记符号，如图 2-71 所示，此时单击鼠标左键即可捕捉到垂足点，绘制对象的垂线，结果如图 2-72 所示。

图 2-71　捕捉到垂足点　　图 2-72　绘制垂线

10）捕捉到平行线。此种捕捉功能常用于绘制与已知线段平行的线。在命令行“指定下一点”的提示下，激活此功能，然后把光标放在已知线段上，此时会出现平行的标记符号，如图 2-73 所示，移动光标，系统会自动在平行位置处出现一条向两方无限延伸的追踪虚线，如图 2-74 所示，单击鼠标左键即可绘制出与拾取对象相互平行的线。

11）捕捉到最近点。此种捕捉方式用来捕捉光标距离线、弧、圆等对象最近的点，即捕捉对象离光标最近的点，如图 2-75 所示。

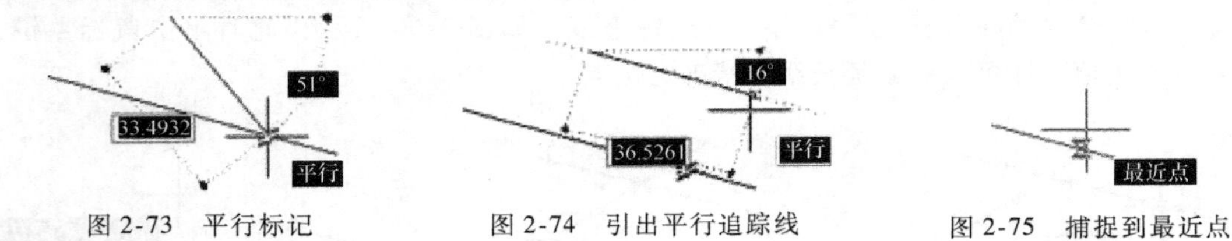

图 2-73　平行标记　　图 2-74　引出平行追踪线　　图 2-75　捕捉到最近点

12）捕捉到节点。此种捕捉功能可以捕捉使用“点”命令绘制的点对象。使用时需将拾取框放在节点上，系统会显示出节点的标记符号，单击鼠标左键即可拾取该点。

13）捕捉到插入点。此种捕捉方式用来捕捉块、文字、属性或属性定义等的插入点，对于文本来说就是其定位点。

任务实施

1）选择“直线”命令，首先绘制中轴线、两条水平直线，如图 2-76 所示。

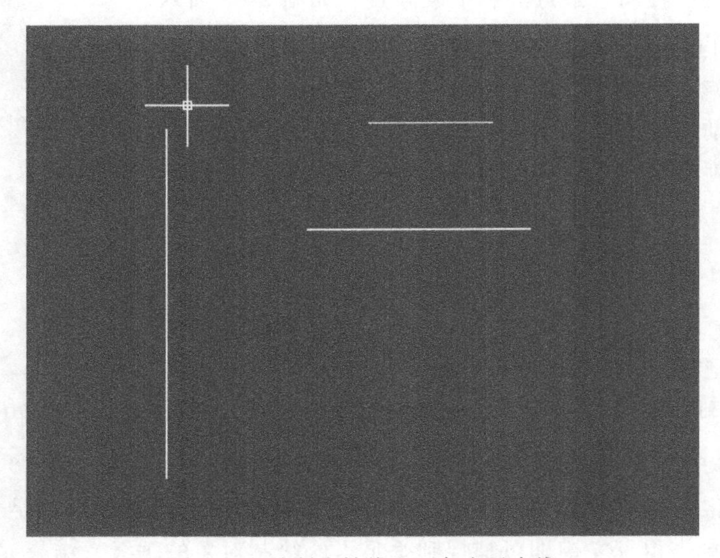

图 2-76　绘制中轴线和两条水平直线

2）选择“移动”命令，分别捕捉两条水平直线的中点并移动到中轴线上，两条水平直线的距离自定，确保美观，如图 2-77 所示。

3）选择“直线”命令，连接两条水平直线，并绘制上、下两条灯沿线条，完成灯罩的绘制，如图 2-78 所示。

4）按 F8 键，打开正交命令，选择“直线”命令，连续绘制直线，如图 2-79 所示。

5）选择“镜像”命令，选取第四步绘制对象为镜像源，以中轴线为对称轴完成镜像命令，如图 2-80 所示。

6）选择“直线”命令，绘制直线，连接两端点，选择“椭圆圆弧”命令，选取

两端点连接线与中轴线的交点为中心点，两端点为圆弧端点绘制圆弧，如图 2-81 所示。

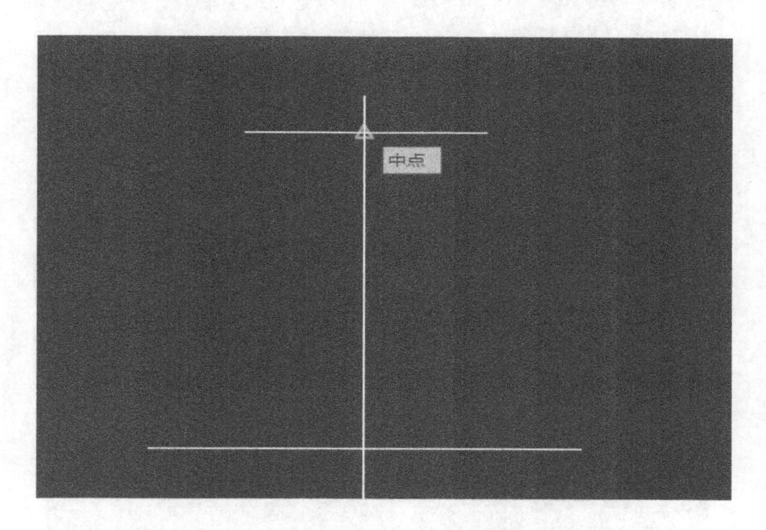

图 2-77　移动两条水平直线到中轴线上

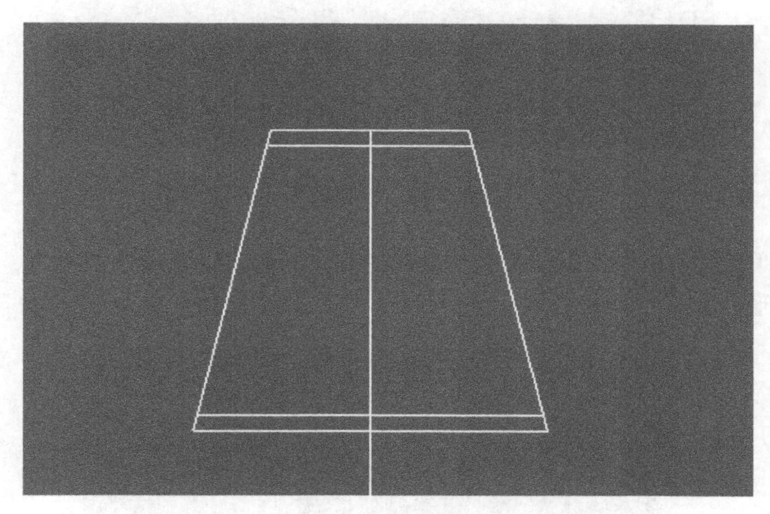

图 2-78　绘制灯罩

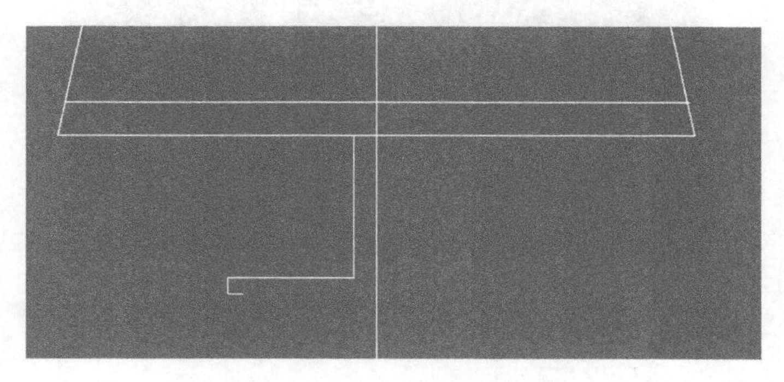

图 2-79　连续绘制直线

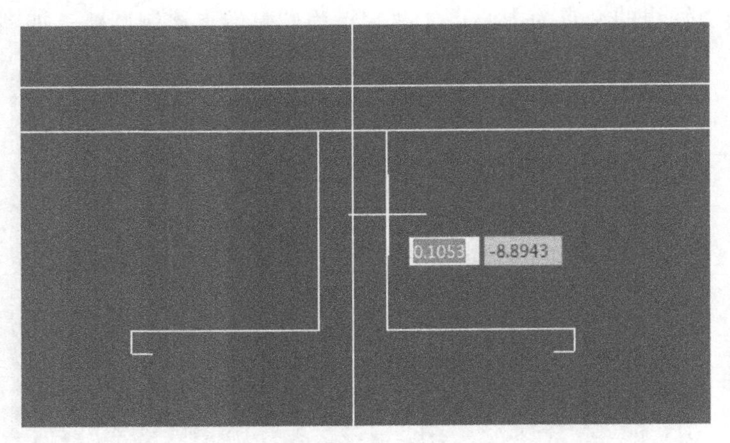

图 2-80　完成镜像命令

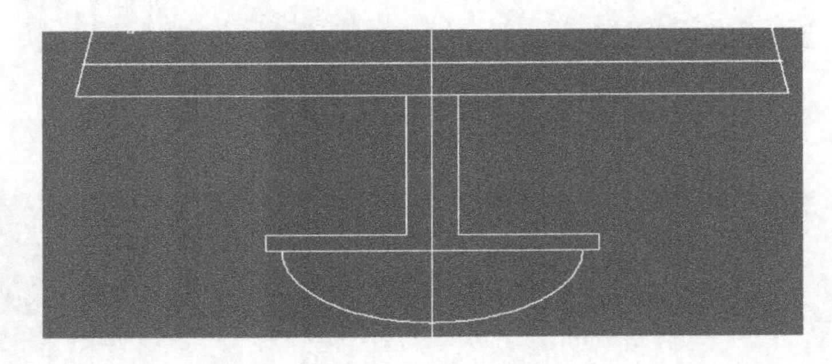

图 2-81　绘制圆弧

7）选择“直线”命令，以圆弧和中轴线的交点为起点，连续绘制直线，绘制如图 2-82 所示的两个矩形。

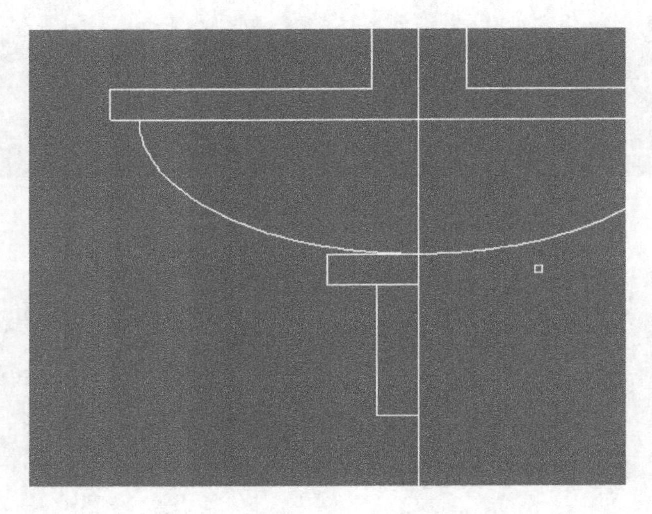

图 2-82　绘制两个矩形

8）选择“圆弧”命令 圆心、起点、端点，以第 7）步绘制的两个矩形中上端矩形的左边中点

为圆心，左边宽为直径绘制圆弧，如图 2-83 所示。

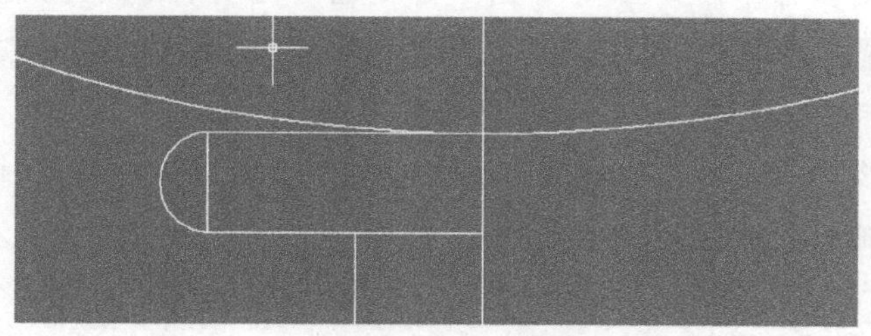

图 2-83　绘制圆弧

9）选择“镜像”命令，对左侧灯座以中轴线为对称轴进行镜像操作，然后删掉多余线条，结果如图 2-84 所示。

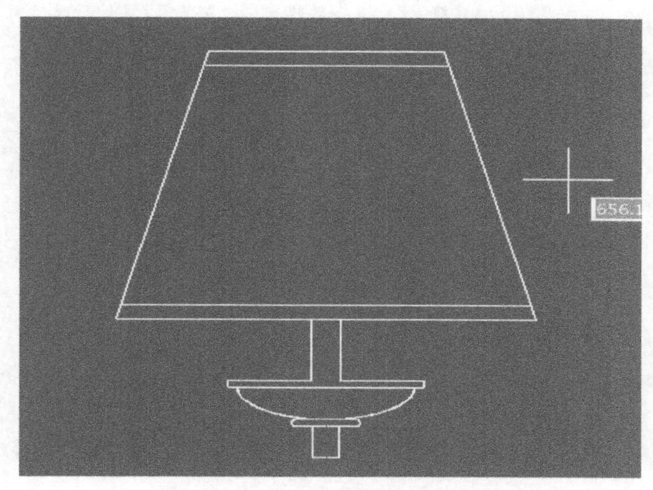

图 2-84　镜像后的结果

10）单击“绘图”工具栏上的按钮，在灯座右下方绘制圆，并以圆心为中心，绘制正六边形，用直线将灯座底部中点与固定端圆心相连，如图 2-85 所示。

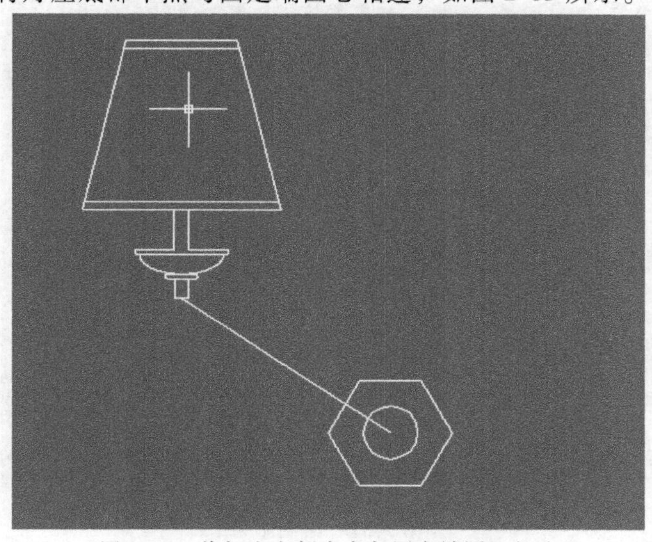

图 2-85　将灯座底部中点与固定端圆心相连

11）选择“图案填充”命令，单击“渐变色”选项卡，设置颜色，如图 2-86 所示。

12）鼠标左键单击拾取点，左键单击灯罩内部任意点，单击 Enter 键，完成图案填充操作。具体操作步骤参照知识链接，绘制结果如图 2-87 所示。

13）选择“镜像”命令，以通过固定端圆心的垂线为轴，左侧灯体为镜像源完成镜像命令，整体图形绘制完成，如图 2-88 所示。

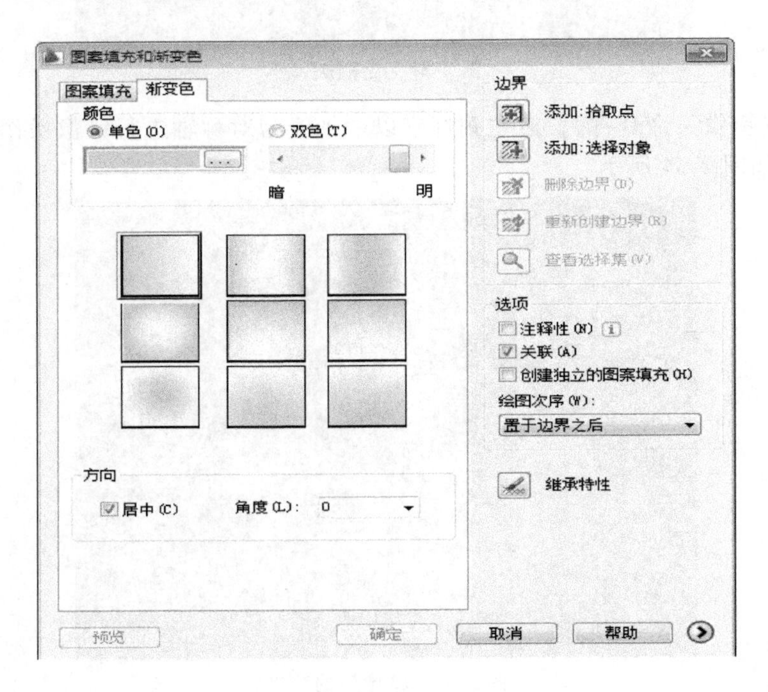

图 2-86　设置颜色

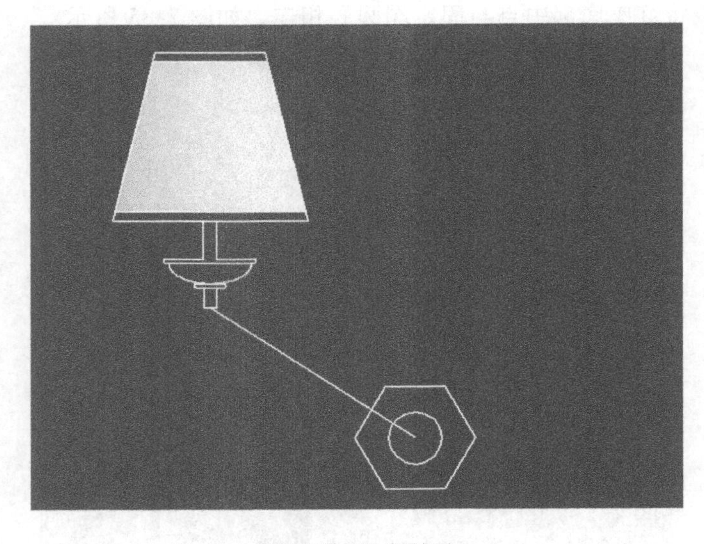

图 2-87　绘制结果

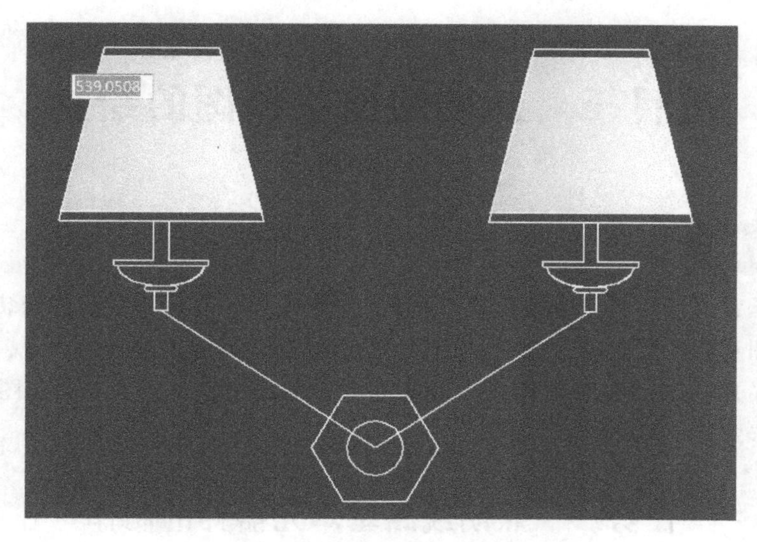

图 2-88　整体图形绘制结果

习题集萃

1. 请指出 AutoCAD 2009 工作界面中菜单栏、命令窗口、状态栏和工具栏的位置及作用。

2. 在 AutoCAD 中，（　　）设置光标悬停在命令上基本工具提示与显示扩展工具提示之间显示的延迟时间。

（A）在“选项”对话框的“显示”选项卡中

（B）在“选项”对话框的“文件”选项卡中

（C）在“选项”对话框的“系统”选项卡中

（D）在“选项”对话框的“用户系统配置”选项卡中

3. 下列选项中，（　　）选项用户不可以自定义。

（A）命令行中文字的颜色　　（B）图纸空间光标颜色

（C）命令行背景的颜色　　（D）二维视图中 UCS 图标的颜色

4. 用（　　）命令可以设置图形界限。

（A）SCALC　（B）EXTEND　（C）LIMITS　（D）LAYER

5. 要恢复 U 命令放弃的操作，应该用（　　）命令。

（A）REDO　（B）REDRAWALL（C）REGEN　（D）REGENALL

6. 设置自动保存图形文件间隔时间正确的是（　　）。

（A）命令行中输入 AUTOSAVE 后按 Enter 键

（B）命令行中输入 SAVETIME 后按 Enter 键

（C）按组合键 <Ctrl + Shift + S>

（D）按组合键 <Ctrl + S>

项目三　照明线路电路图的绘制

项目描述

照明线路是常用低压电路中最基础和重要的电路之一。在照明线路的安装与维修中识读照明线路电路图和施工图是电工电子专业学生的基本功。通过本项目的学习，学生能够学会利用 CAD 软件的基本命令制作电路图中的基本电气元器件符号，学会电路图及线路施工图的画法，进一步掌握 CAD 软件的应用。

任务一　照明线路基本元器件的制作

学习目标

1. 巩固 AutoCAD 基本指令的使用。
2. 认识照明线路电路图中的基本元器件。
3. 能够利用 AutoCAD 绘制照明线路的基本元器件。

建议课时

6 课时。

任务描述

照明线路的电路图和施工图中涉及一些基本元器件的制作，必须先学会这些基本元器件的绘制方法，才能在此基础上制作完整的电路图和施工图。本任务通过一些简单电路元器件的制作，如灯泡、开关等，让学生学会运用 CAD 中的基本命令绘制图形。

知识链接

一、绘制圆形方法

单击菜单“绘图”→“圆”→“圆心，半径”命令，配合圆心捕捉和捕捉追踪功能，绘制相交圆。命令行操作如下：

```
命令：_circle
指定圆的圆心或［三点(3P)/两点(2P)/相切、相切、半径(T)］:
                          //在绘图区拾取一点作为圆心
指定圆的半径或［直径(D)］<100.0000>：//100 按 Enter 键，绘制半径为 100 的圆
```

结果如图 3-1 所示。

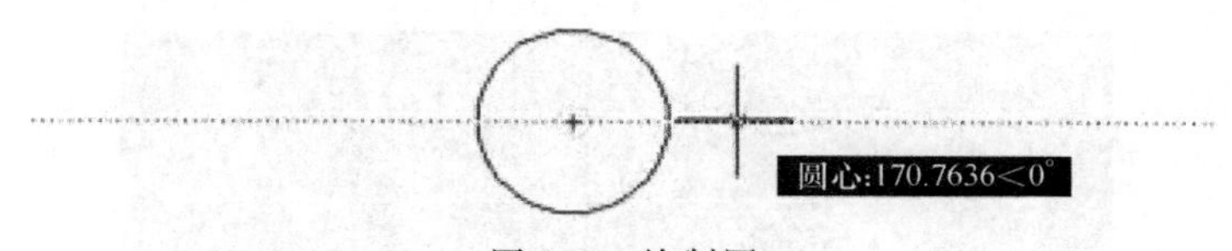

图 3-1 绘制圆

二、"移动" 命令的使用

"移动" 命令主要用于将图形从一个位置移动到另一个位置，源对象的尺寸及形状均不发生变化。

执行 "移动" 命令主要有以下几种方法：

- 单击 "修改" 菜单中的 "移动" 命令。
- 在命令行中输入 Move 或 M。

命令行操作如下：

```
命令:_move
选择对象:                                   //选择矩形
选择对象:                                   //结束选择
指定基点或[位移(D)]<位移>:                  //捕捉矩形右下角点
指定第二个点或<使用第一个点作为位移>:        //捕捉斜线的上端点
```

移动前的图形和移动后的图形分别如图 3-2 和图 3-3 所示。

图 3-2 移动前的图形

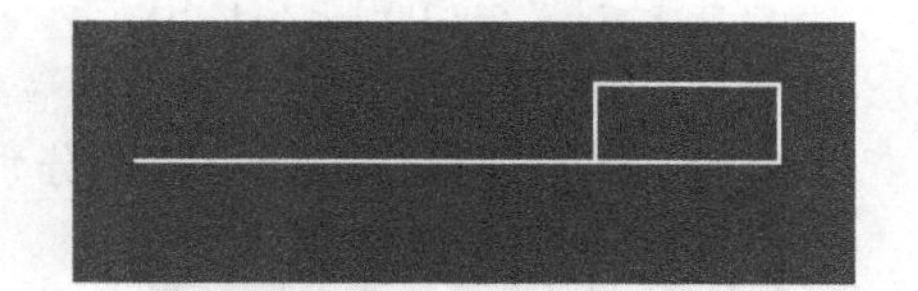

图 3-3 移动后的图形

三、"打断" 命令的使用

"打断" 命令用于打断并删除图形上的一部分，或将图形打断为相连的两部分。

执行 "打断" 命令主要有以下几种方法：

- 单击 "修改" 菜单中的 "打断" 命令。
- 在命令行输入 Break 或 BR。

命令行操作如下：

```
命令:_break
选择对象:                                   //选择直线段
指定第二个打断点或[第一点(F)]:               //f,激活【第一点】选项
指定第一个打断点:                           //选择第一个断点
指定第二个打断点:                           //选择第二个断点
```

打断前的图形和打断后的图形分别如图 3-4 和图 3-5 所示。

四、"旋转" 命令的使用

"旋转" 命令用于将图形围绕指定的基点进行旋转。

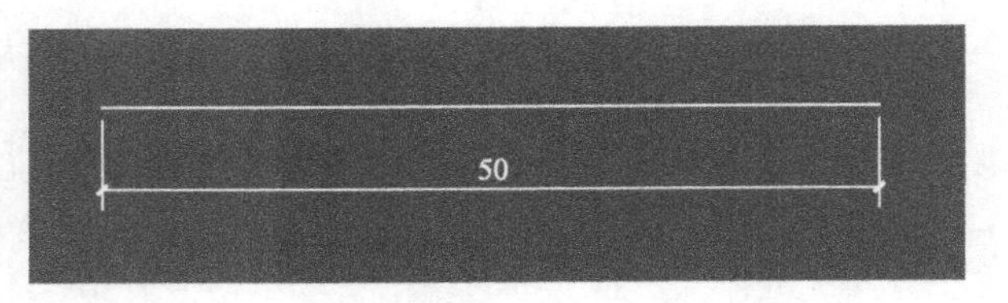

图 3-4　打断前的直线

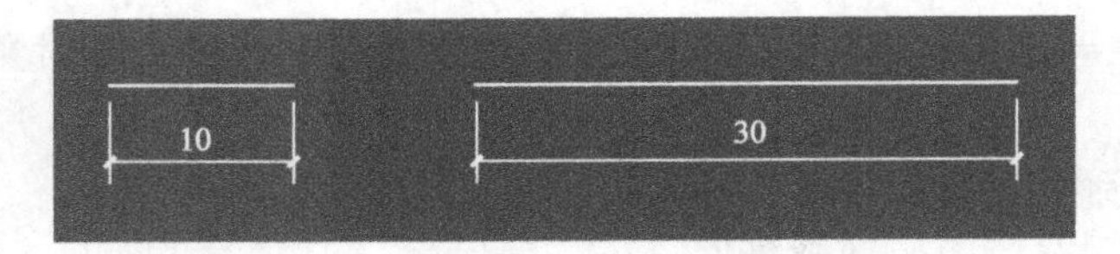

图 3-5　打断后的直线

执行“旋转”命令主要有以下几种方法：

- 单击“修改”菜单中的“旋转”命令。
- 在命令行输入 Rotate 或 RO。

命令行操作如下：

命令：_Rotate
选择对象：　　　　　　　　　　　　　　//选择矩形
选择对象：　　　　　　　　　　　　　　//结束选择
指定基点或[位移(D)]<位移>：　　　　　　//捕捉矩形右下角点
指定第二个点或<使用第一个点作为位移>：　//捕捉斜线的上端点

旋转前的图形和旋转后的图形分别如图 3-6 和图 3-7 所示。

图 3-6　旋转前的矩形

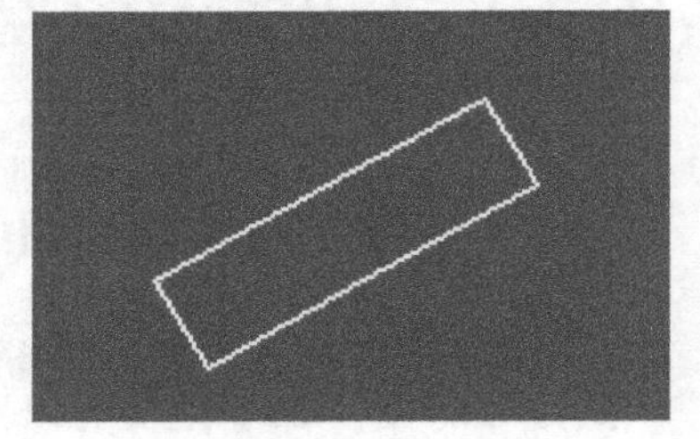
图 3-7　旋转后的矩形

任务实施

一、灯泡的制作

打开 Auto CAD 2009 软件，新建一个文件，如图 3-8 所示。

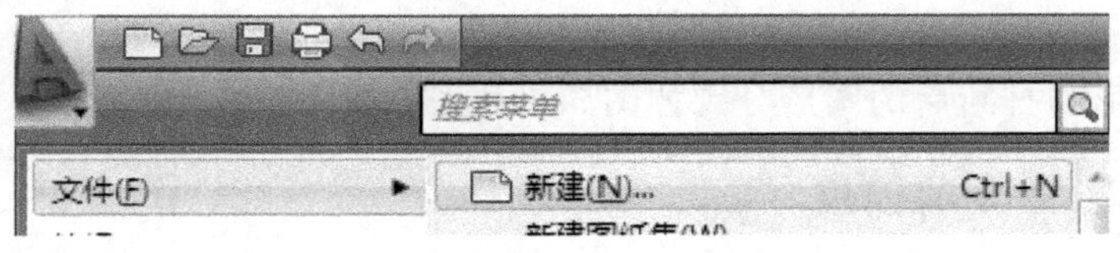

图 3-8　新建文件

找到“绘图”工具栏，如图3-9所示，左键单击“直线”命令图标，如图3-10所示，或者在命令行中输入命令 line，绘制一条水平直线，如图3-11所示，然后在“绘图”工具栏中选择“圆形”命令，在直线端绘制大小合适的圆，如图3-12所示。

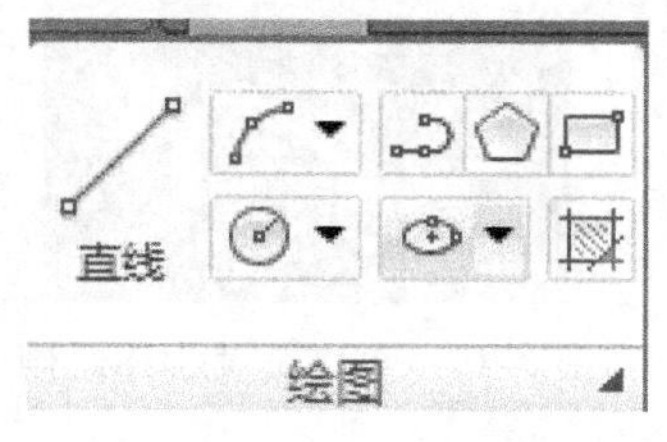

图3-9 “绘图”工具栏

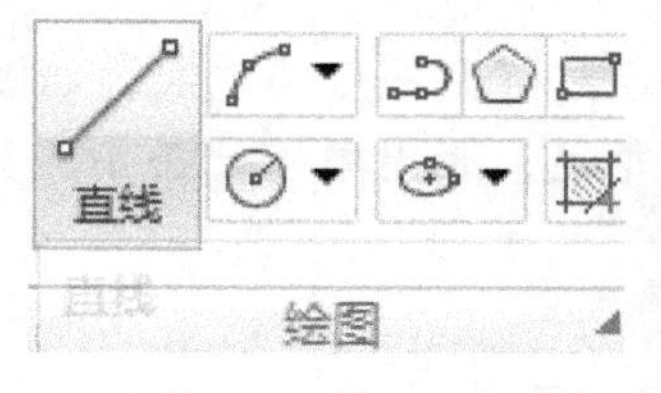

图3-10 选择直线

图3-11 直线的绘制

选择“直线”命令，绘制两条通过圆心的斜线，如图3-13所示。

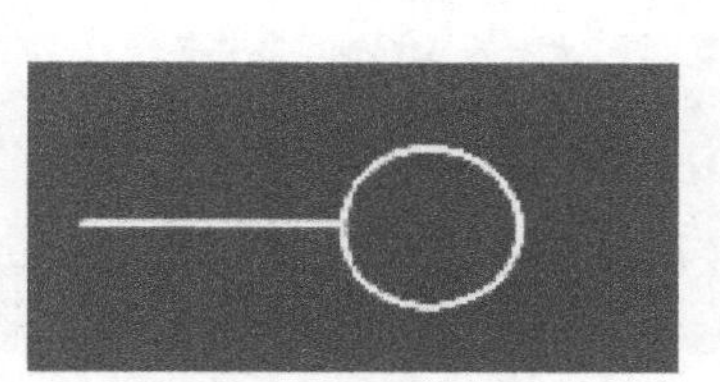

图3-12 圆形的绘制

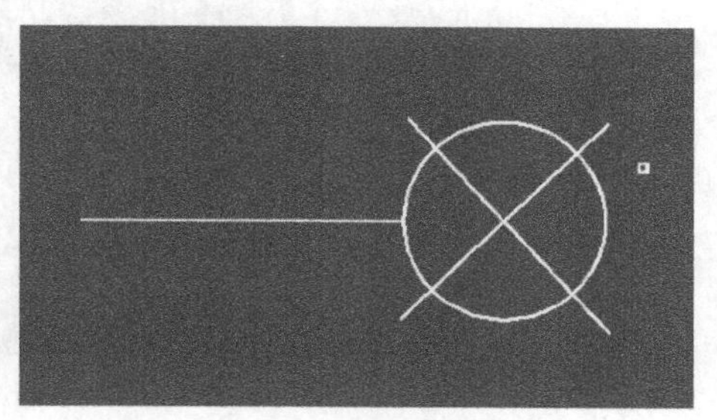

图3-13 灯泡的绘制（一）

用修剪命令删掉多余线段，得到图3-14所示图形，再绘制另一条直线，完成灯泡电路图的绘制，如图3-15所示。

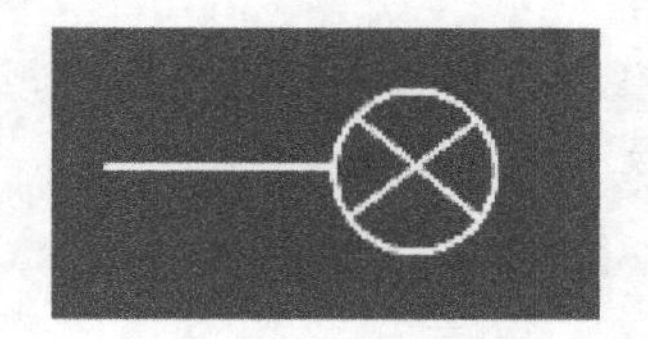

图3-14 灯泡的绘制（二）

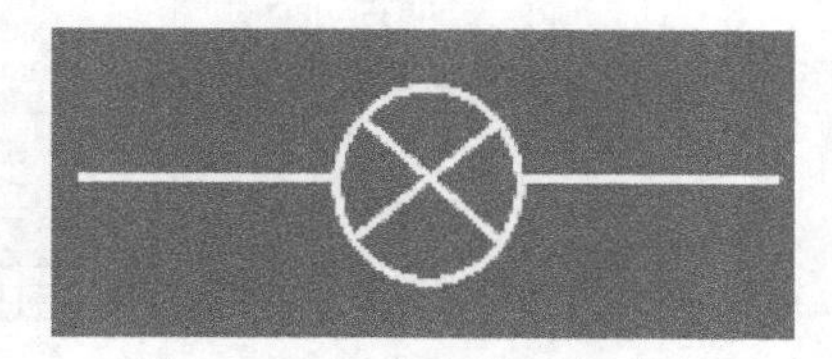

图3-15 灯泡电路图的绘制

二、开关的制作

先画一个水平直线如图3-16所示，然后利用“旋转”命令，制作出开关的触刀如图3-17所示，在触刀两端画两条直线，如图3-18所示，至此一个开关制作完毕。

图3-16 直线

图3-17 开关触刀

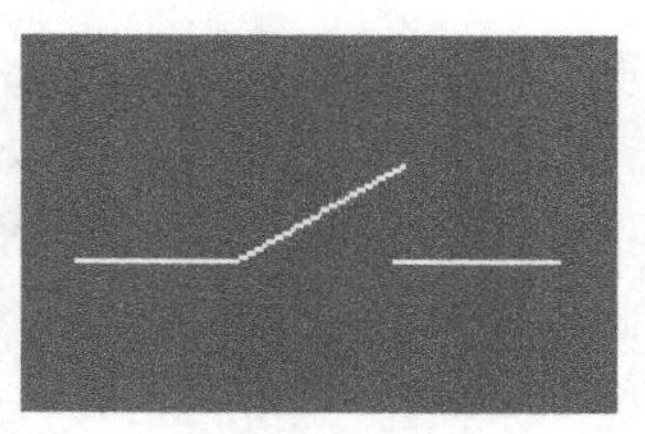

图3-18 开关电路图绘制

三、单级开关的制作

不同种类的开关都是在普通开关的基础上变换而来的。日常生活中，我们经常见到的开

关种类有按钮、跷板开关、声控开关、触摸开关等。在照明线路中，根据控制电路数目或者极数的不同，开关可以分为单极开关、二极开关、多极开关等。单极开关根据安装方式的不同，分别有明装式、暗装式、密闭式和防爆式。下面学习如何绘制这些开关的电路符号。

1. 明装式单极开关的制作

先绘制一个圆形，再绘制一条过圆上一点的直线，如图 3-19 所示，然后打开对象捕捉，选中垂足，绘出单极开关中的另一条直线。

图 3-19　单极开关主体绘制

2. 暗装单极开关的制作

暗装式单极开关是在图 3-19 的基础上填充完成的，首先绘制如图 3-19 所示的开关图，然后选择“图案填充”命令，如图 3-20 所示。

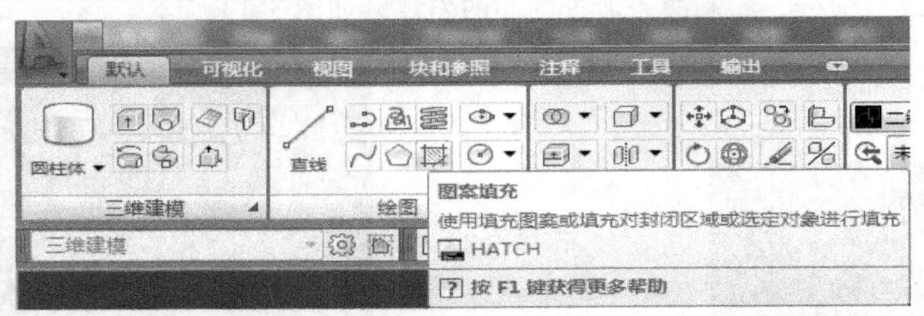

图 3-20　填充命令

打开后的对话框如图 3-21 所示。

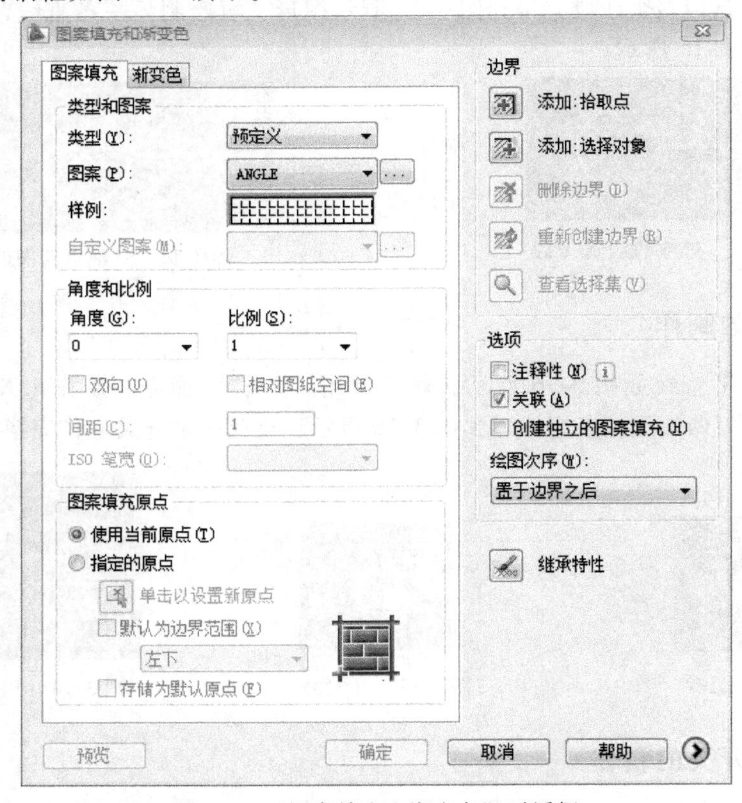

图 3-21　“图案填充和渐变色”对话框

单击“样例”按钮如图 3-22 所示，弹出如图 3-23 所示的对话框，选择“实体填充”(SOLID) 按钮，单击“确定”按钮。

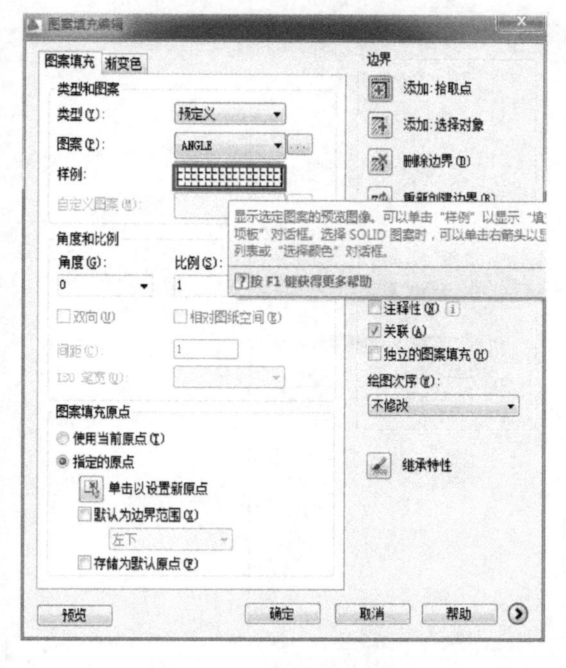

图 3-22　选择样例图案

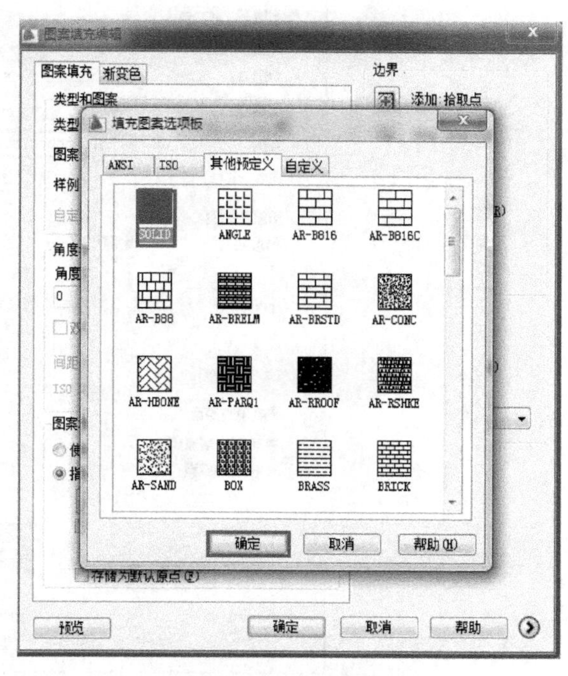

图 3-23　选择实体

单击“拾取点”按钮，用鼠标左键拾取内部点，如图 3-24 所示，单击“确定”按钮，如图 3-25 所示。

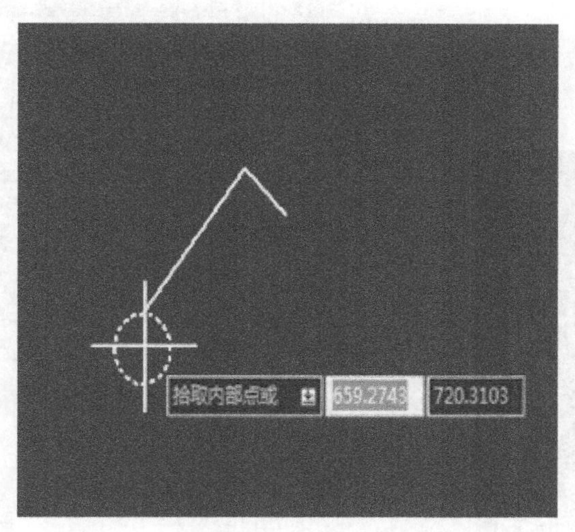

图 3-24　拾取内部点

暗装式单极开关绘制完毕，如图 3-26 所示。

3. 密闭式单极开关的制作

密闭式单极开关是在明装式单极开关和暗装式单极开关的基础上制作的，首先要在开关的圆形符号中画出一条过圆心的直线，打开对象捕捉，选中圆心，如图 3-27 所示。

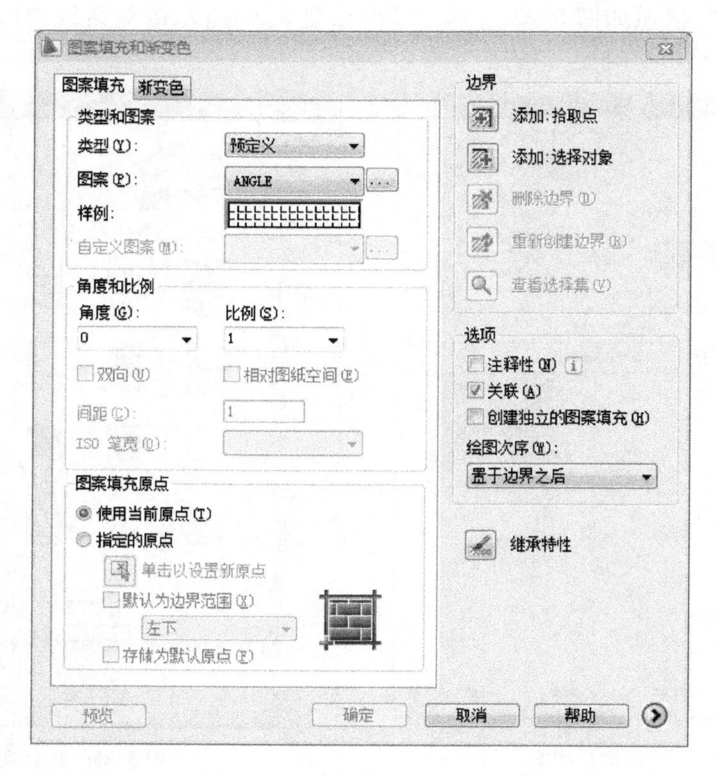

图 3-25　单击“确定”按钮

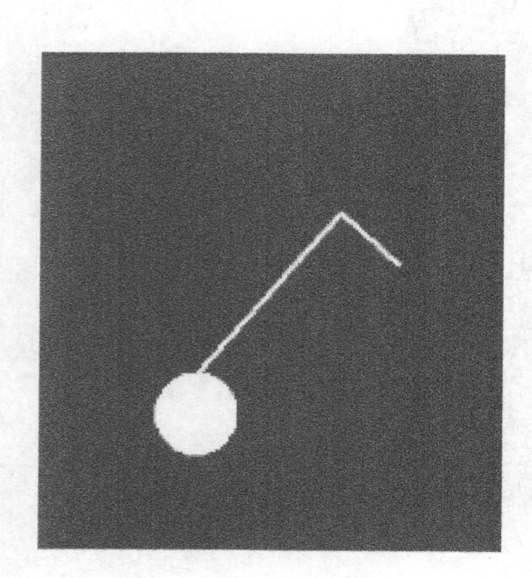

图 3-26　暗装式单极开关

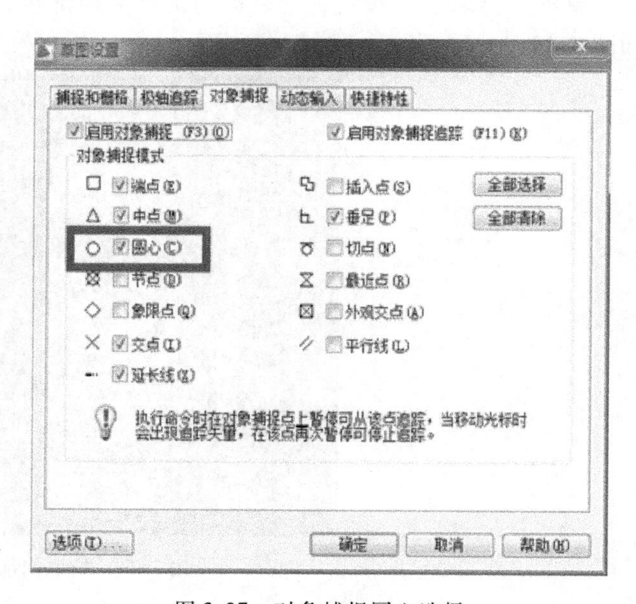

图 3-27　对象捕捉圆心选择

选择“直线”命令，捕捉圆心如图 3-28 所示，过圆心沿水平方向作一条直线，如图 3-29所示。

缩小后，密闭式开关的图形符号如图 3-30 所示。

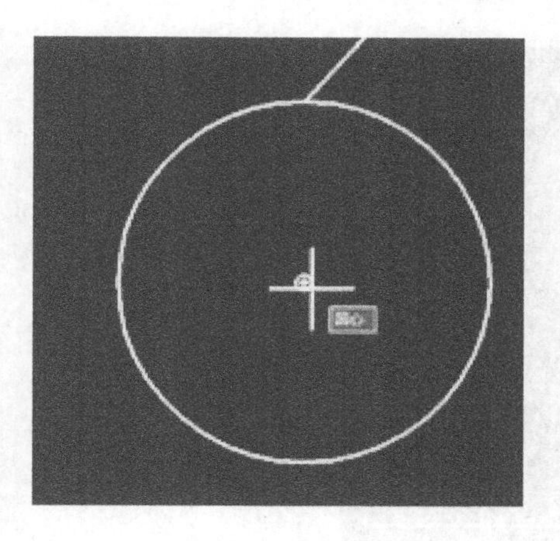

图 3-28　捕捉圆心

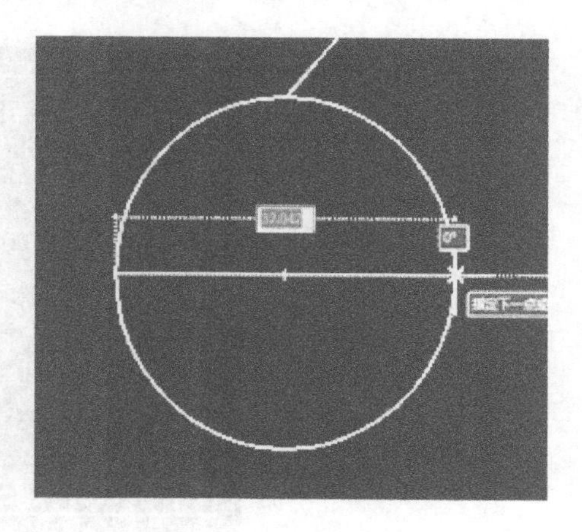

图 3-29　过圆心作一条直线

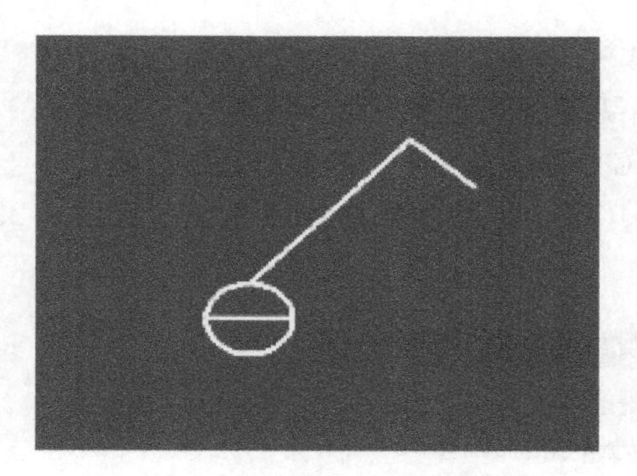

图 3-30　密闭式开关的图形符号

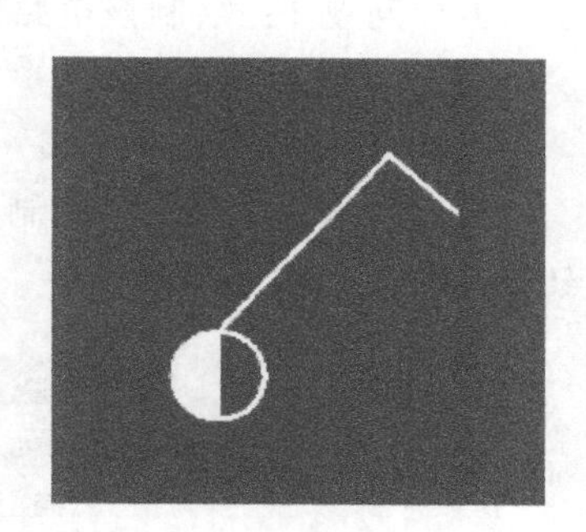

图 3-31　防爆式开关符号

任务拓展

请用 Auto CAD 软件绘制如图 3-31 所示的图形，该图形为防爆式开关的符号。

任务二　一控一灯照明线路施工图的绘制

学习目标

1. 掌握一控一灯的基本电路元器件的组成及其工作原理。
2. 能够利用 AutoCAD 绘制一控一灯电路施工图。

建议课时

6 课时。

任务描述

某小区的物业公司接到用户申报，需要为其住宅的书房安装照明灯具。电工组接到任务，勘察现场后，需要制作一控一灯电路施工图，如图 3-32 所示。

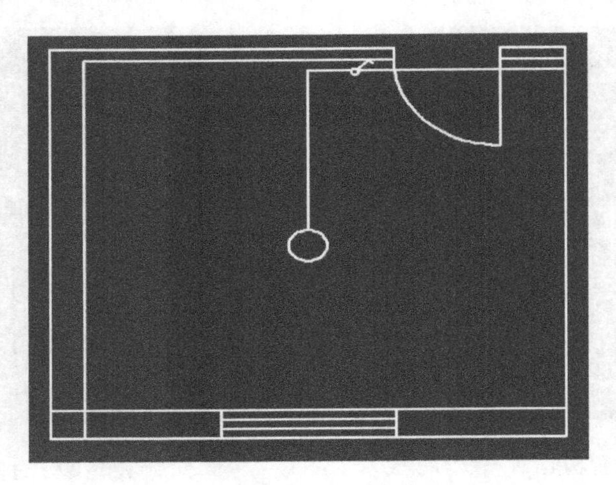

图 3-32　一控一灯照明线路施工图

引导问题 1：绘制该电路图中用到的命令有哪些？

引导问题 2：该电路图中开关符号和 N、L 的圆圈可用下列哪些命令做到？

（A）复制命令　　（B）圆形画图工具　　（C）移动命令　　（D）直线工具

引导问题 3：在该图绘制过程中，涉及定位时，需要使用对象捕捉工具，请将图 3-33 中需要的对象勾选出来。

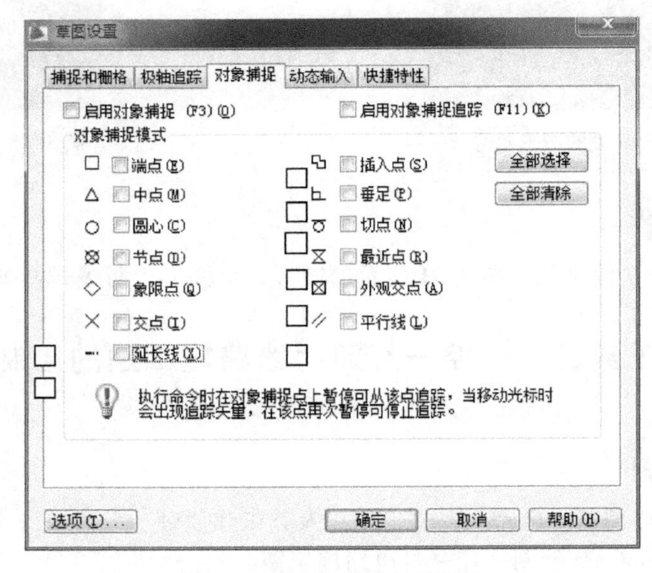

图 3-33　“对象捕捉”选项卡

照明线路施工图是电气安装施工人员用来参照施工的重要技术图样。实际工程施工中，为使标准规范、统一、易于识读，通常都要采用标准的符号及相关规范绘制施工图，通常照明线路施工图采用二维平面图的形式，且从俯视视角（即从房顶向下看）来绘制。

引导问题 1：该房间的面积如何测量？

引导问题 2：该房间的窗户和门分别开在何处？

引导问题 3：该房间的灯安装于何处？

引导问题 4：该房间的开关和灯的控制方式是什么？

知识链接

一、设置正交追踪

“正交追踪”功能用于将光标强行地控制在水平或垂直方向上，以绘制水平和垂直的线段。此种追踪功能可以控制四个角度方向，即

第一，向右引导光标，系统则定位 0°方向。

第二，向上引导光标，系统则定位 90°方向。

第三，向左引导光标，系统则定位 180°方向。

第四，向下引导光标，系统则定位 270°方向。

二、使用正交追踪功能绘图

通过绘制如图 3-34 所示的台阶截面，学习“正交追踪”功能的使用方法和技巧。

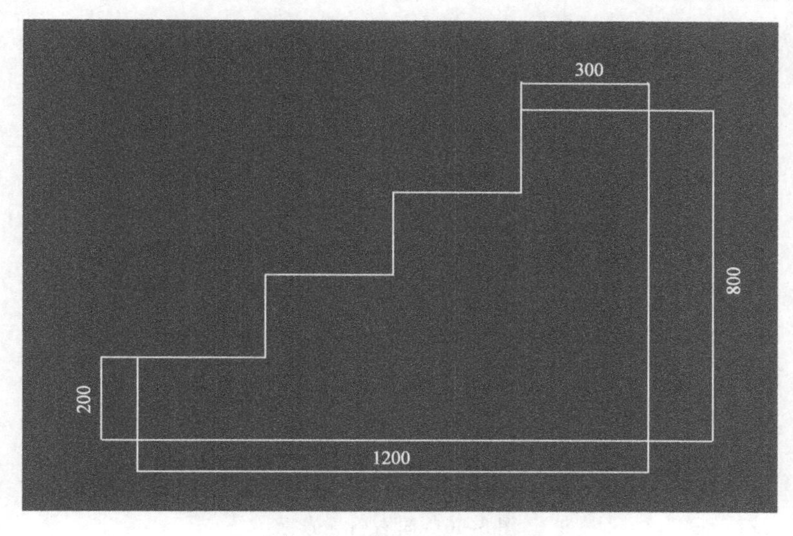

图 3-34　所示的台阶截面

三、正交追踪示例

1）新建文件，并打开“正交”功能。

2）单击“绘图”菜单中的“直线”命令，根据 AutoCAD 命令行的操作提示，精确画图。

```
命令：_line
指定第一点：                    //在绘图区拾取一点作为起点
指定下一点或［放弃(U)］：        //向上引导光标，引出如图 3-35 所示的
                                 方向矢量，输入 200 并按 Enter 键
指定下一点或［放弃(U)］：        //向右引导光标，引出如图 3-36 所示的
                                 方向矢量，输入 300 并按 Enter 键
```

指定下一点或［闭合(C)/放弃(U)］：//向上引导光标，输入 200 并按 Enter 键
指定下一点或［闭合(C)/放弃(U)］：//向右引导光标，输入 300 并按 Enter 键
指定下一点或［闭合(C)/放弃(U)］：//向上引导光标，输入 200 并按 Enter 键
指定下一点或［闭合(C)/放弃(U)］：//向右引导光标，输入 300 并按 Enter 键
指定下一点或［闭合(C)/放弃(U)］：//向上引导光标，输入 200 并按 Enter 键
指定下一点或［闭合(C)/放弃(U)］：//向右引导光标，输入 300 并按 Enter 键
指定下一点或［闭合(C)/放弃(U)］：//向下引导光标，输入 800 并按 Enter 键
指定下一点或［闭合(C)/放弃(U)］：//c 按 Enter 键闭合图形

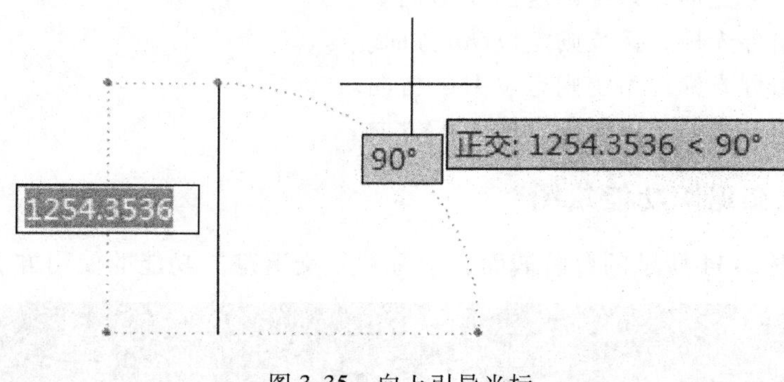

图 3-35　向上引导光标

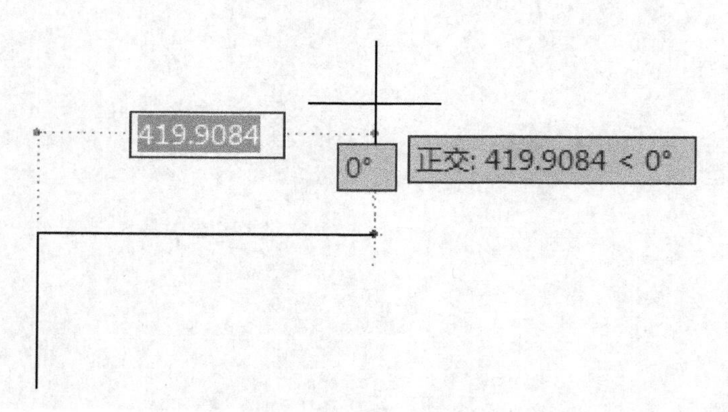

图 3-36　向右引导光标

任务实施

1. 墙体的绘制

墙体的构成为直线，如图 3-37 所示，在建筑制图规范中，外墙、内墙的厚度都有严格规定，这里针对电气专业学生降低了要求。

该部分主要通过“直线”命令进行绘制，注意绘制过程中留有窗户的墙体厚度较厚，而靠近室内的墙体厚度较薄，一般在绘制施工图时要求先选定参考点，随后确定中心轴线，然后再分别画出三面墙体。在该施工图中，东、西、南三面墙体厚度相同，北面墙体中预留出门的位置。

2. 窗的绘制

在施工图中窗户的绘制方法采用剖面图的方式，视角为从上向下俯视，剖切位置为垂直

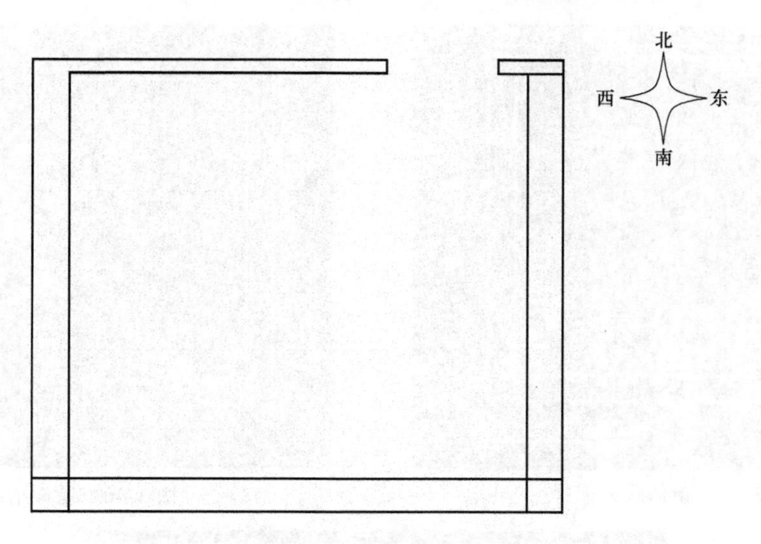

图 3-37　墙体的绘制

于窗户方向。该房间窗户位于下面墙体中间。打开“对象捕捉”命令，捕捉中点，画出轴线，如图 3-38 所示。

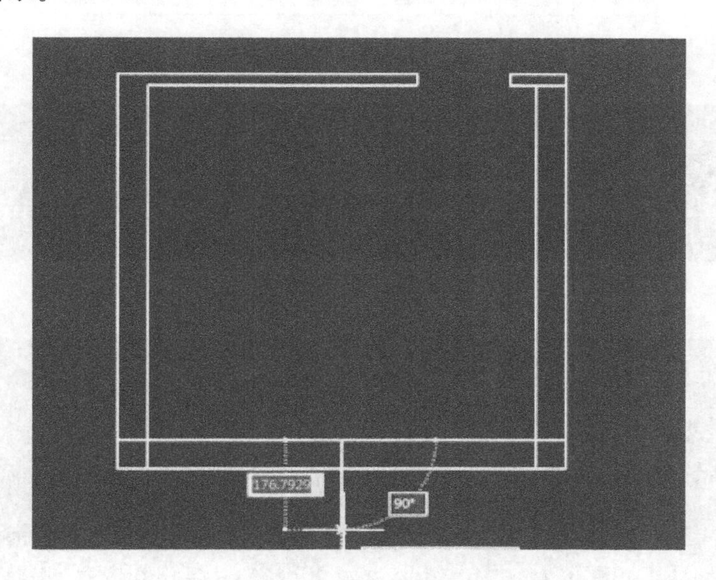

图 3-38　轴线的绘制

通过“镜像”命令作出两条直线，如图 3-39 和图 3-40 所示，作为窗的长度。

输入 Y，保留源对象，如图 3-41 所示。

删掉中轴线，放大图形，根据直线长度找到三等分点，打开正交模式，作出窗户轮廓，如图 3-42 所示。

窗户制作完毕。

3．门的绘制

确定圆心和端点的位置，如图 3-43 所示。

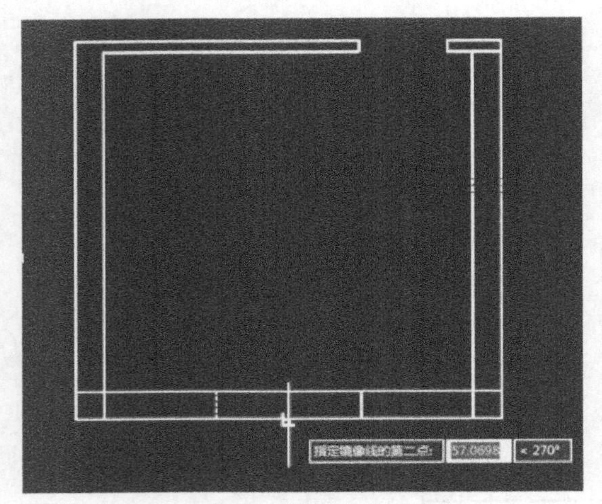

图 3-39　镜像线的选择

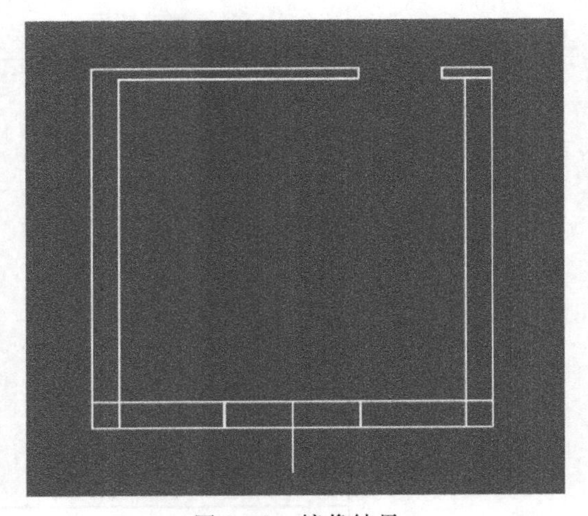

图 3-40　镜像结果

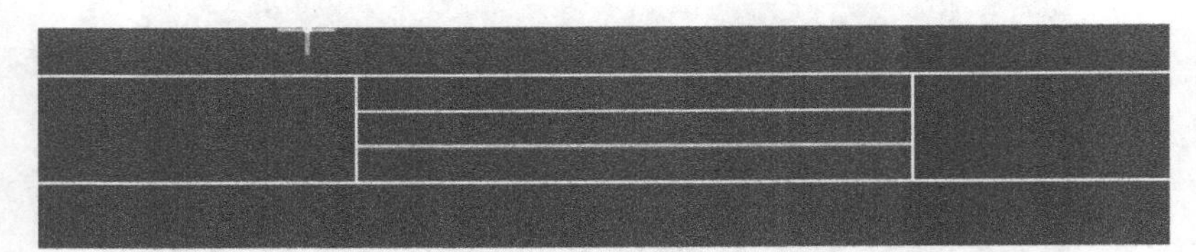

图 3-41　源对象的保留

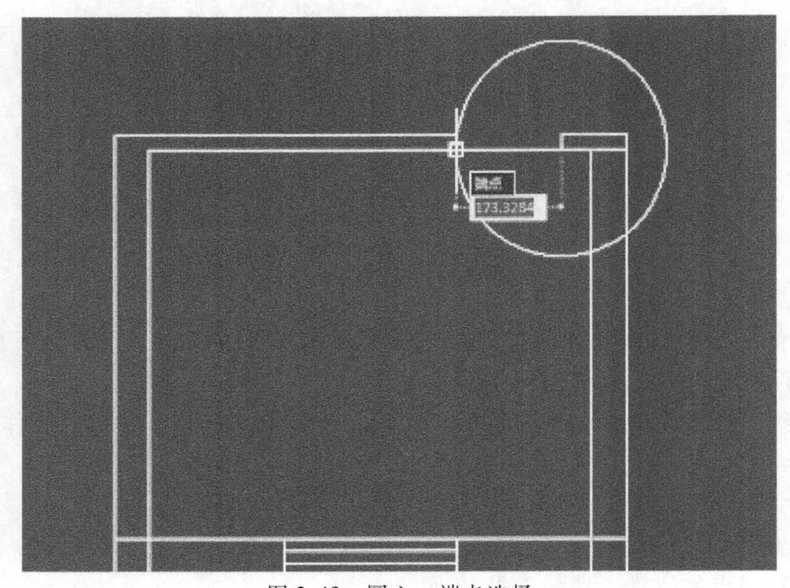

图 3-42　窗户的绘制

图 3-43　圆心、端点选择

利用圆心、半径命令画出圆形，画出门的开启轮廓，如图 3-44 所示。

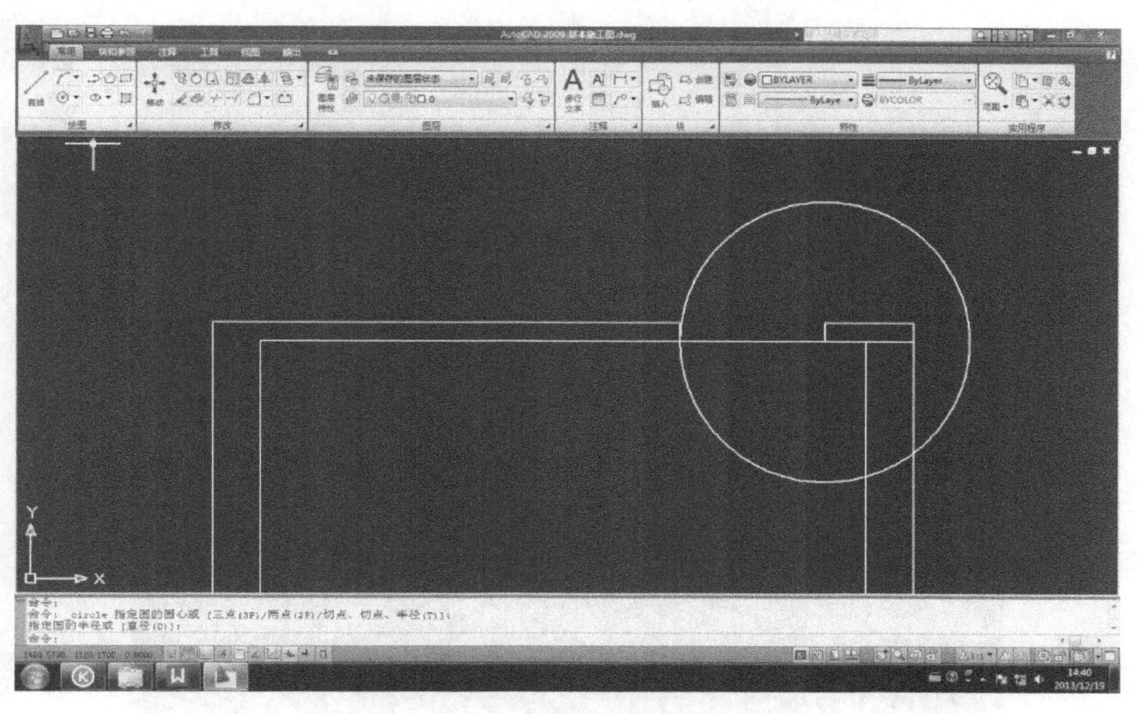

图 3-44　圆形的制作

画出圆形，补画半径，为保证垂直，按 F8 键打开正交模式，如图 3-45 所示。

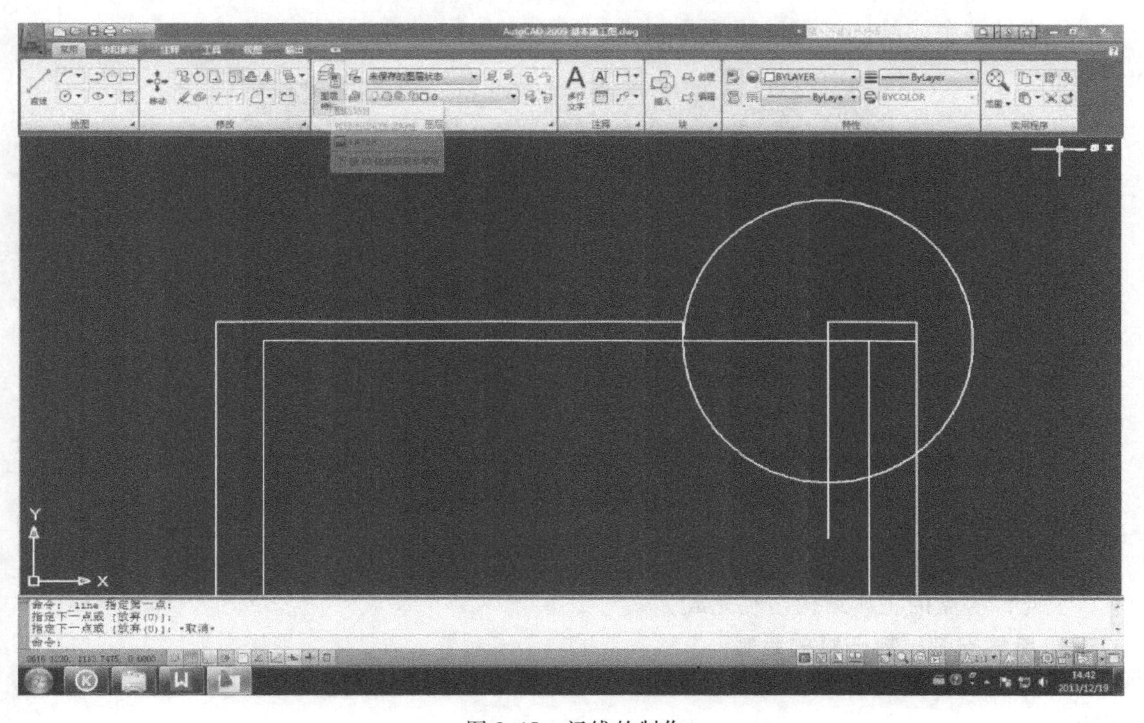

图 3-45　门线的制作

利用“修剪”命令如图 3-46 所示，把多余圆形去掉，修剪后的图形如图 3-47 所示。

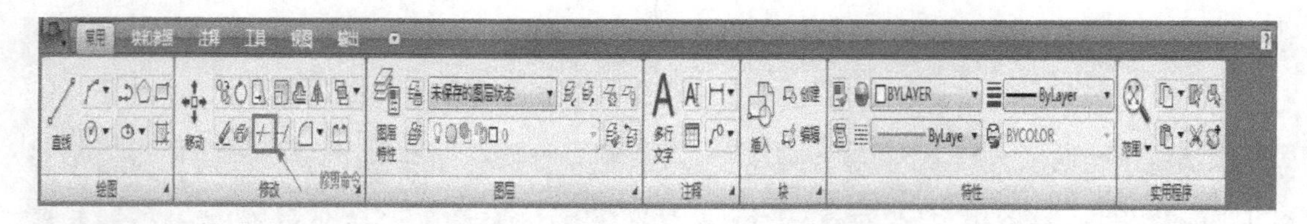

图 3-46　修剪工具

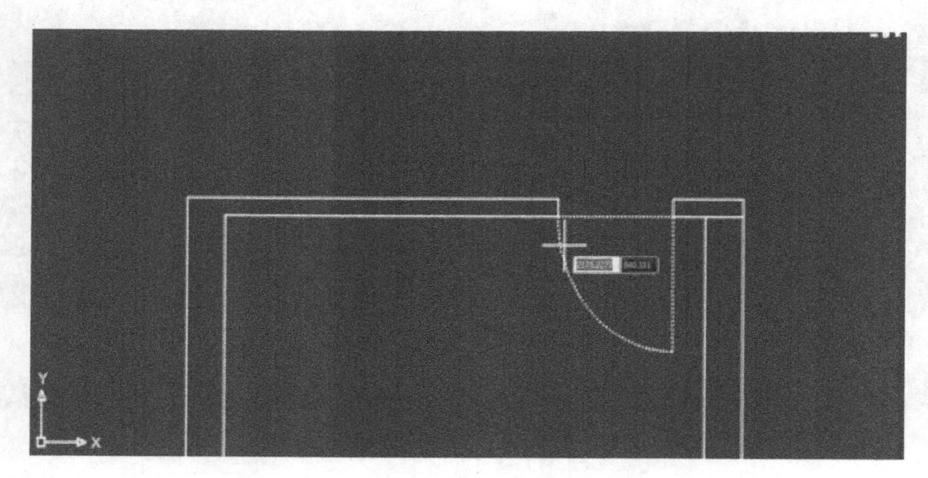

图 3-47　修剪后的图形

再去掉多余线段，如图 3-48 所示。

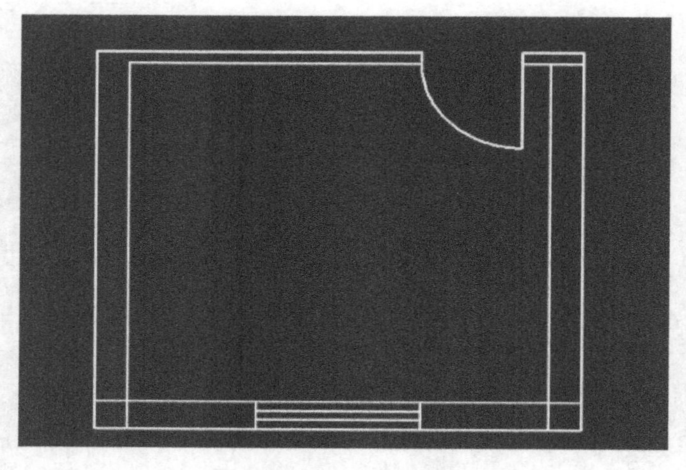

图 3-48　房屋主体结构图

至此，房屋的主体结构已经完成。

4. 电气安装一控一灯的绘制

（1）绘制灯泡　灯泡的安装位置设置为房间中心，首先绘制水平中心线，如图 3-49 所示。

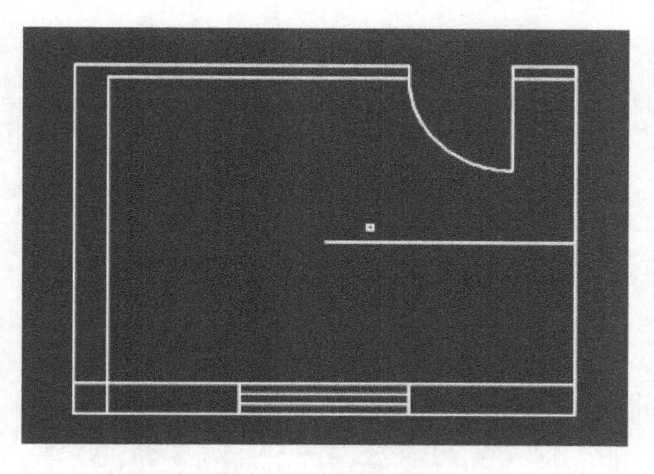

图 3-49　绘制水平中心线

再绘制垂直中心线，交点就是房间中心，即灯泡安装位置，如图 3-50 所示。

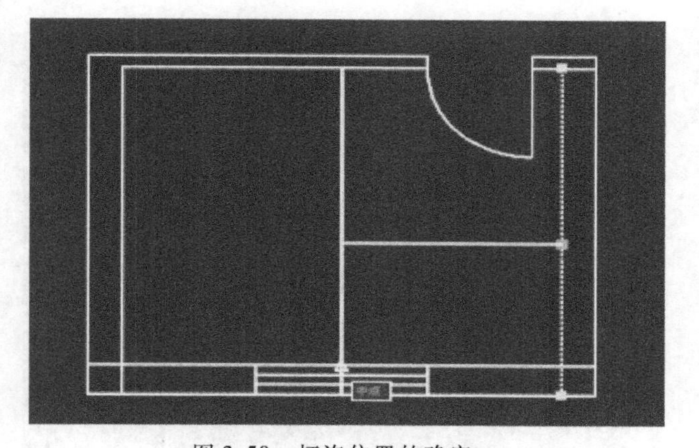

图 3-50　灯泡位置的确定

选择绘制圆形命令，设置适当半径，绘制灯泡，如图 3-51 所示。

选择“平移”命令，移动直线，结果如图 3-52 所示。

再过圆心作出垂线，连接直线，如图 3-53 所示。

(2) 绘制单极开关　单极开关绘制开关如图 3-54 所示。

利用“打断”命令、“平移”命令，将开关移动到合适位置，如图 3-55 所示。

拉伸直线，去掉多余图线，完成一控一灯电气图的绘制，如图 3-56 所示。

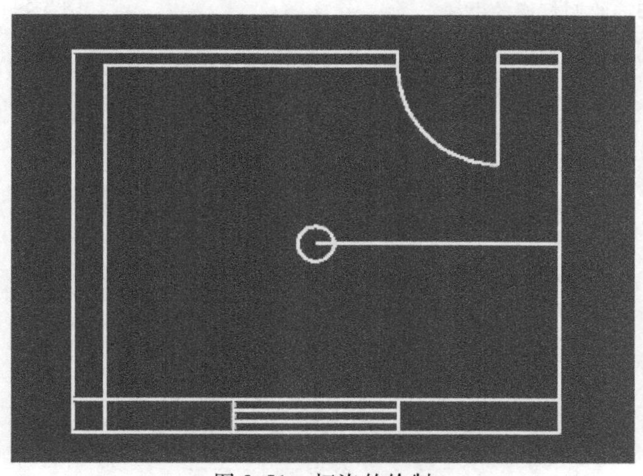

图 3-51　灯泡的绘制

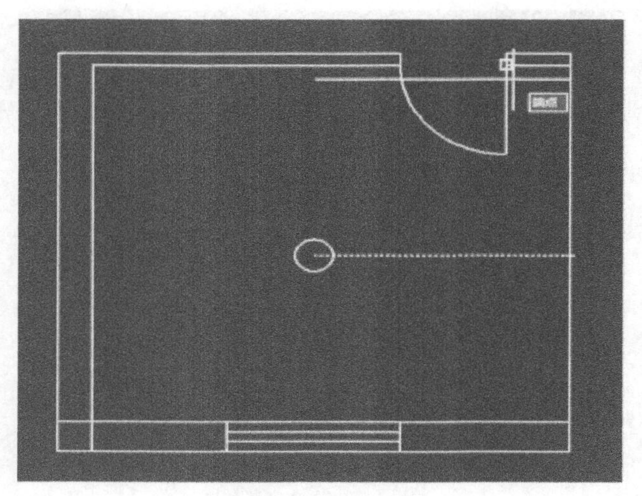

图 3-52　直线的平移

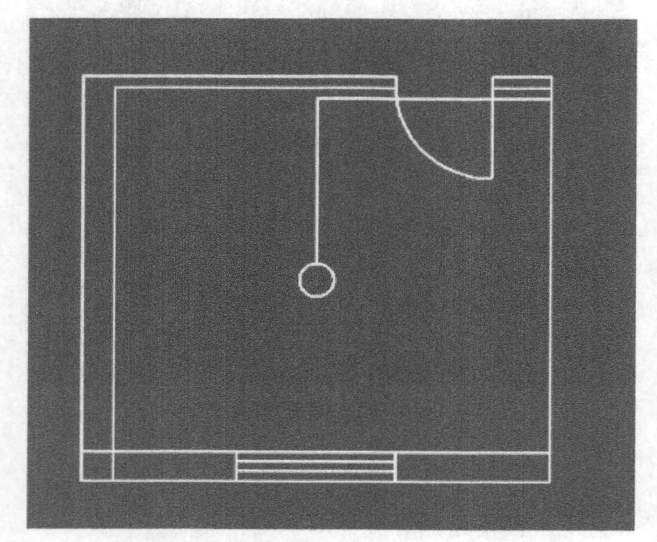

图 3-53　绘制灯泡的引线

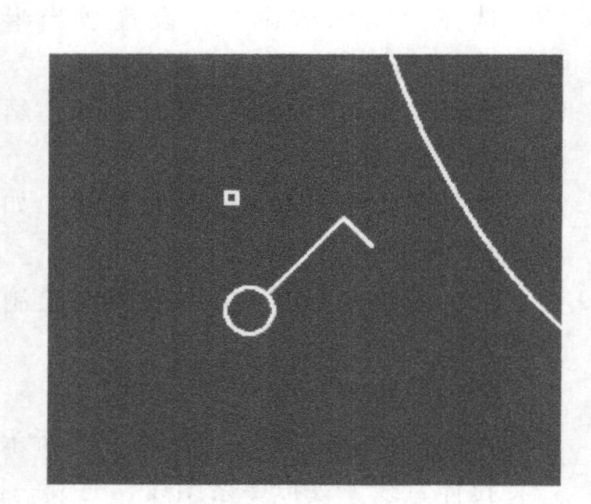

图 3-54　单极开关

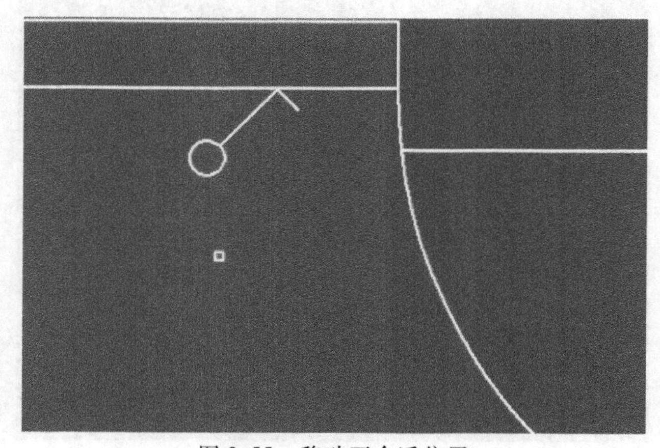

图 3-55　移动至合适位置

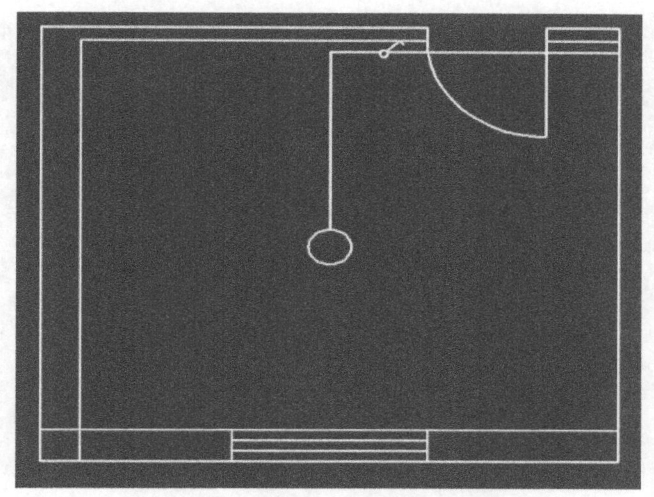

图 3-56　一控一灯照明线路施工图

任务三　办公室荧光灯电气安装图的绘制

学习目标

1. 掌握办公室荧光灯的基本电路元器件组成及其工作原理。
2. 能够利用 AutoCAD 绘制办公室荧光灯的基本电路元器件。
3. 能够利用 AutoCAD 绘制办公室荧光灯电路图。

建议课时

6 课时。

任务描述

荧光灯是办公室照明和教室照明中最常用的照明灯具。荧光灯的电路组成为辉光启动器、镇流器和荧光灯管。此外还有灯座、熔断器等附件。通过本任务的学习，学会绘制辉光启动器、镇流器、灯管等电路符号，并在理解荧光灯工作原理的基础上绘制荧光灯电路原理图。

任务分析

组成办公室荧光灯电路的基本电路元器件有镇流器、辉光启动器、灯管等。绘制办公室荧光灯的照明电路原理图需要在学会绘制镇流器、辉光启动器、灯管这些基本电路元器件的基础上再去绘制完整的电路原理图。

知识链接

一、镇流器简介

镇流器外形如图 3-57 所示。

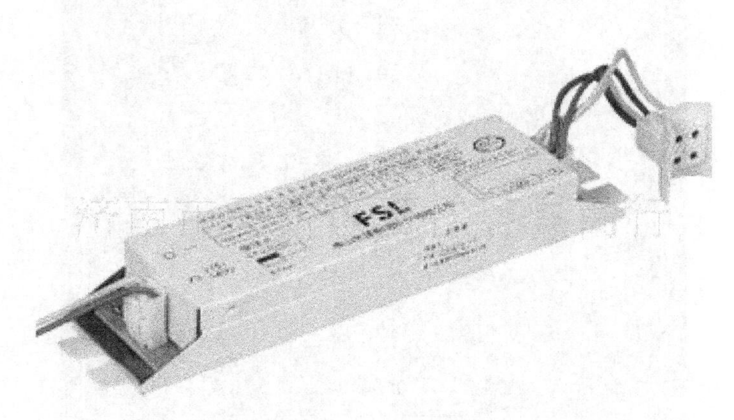

图 3-57　镇流器外形

镇流器是荧光灯电路中的重要元器件之一，在灯没有启动的时候，没有电流从灯丝的一端流到另一端，这时候灯丝的电阻接近无穷大，当灯丝两端的电压达到 500 ~ 1200V 时，气体混合物就会高度电离，发生弧光放电现象，镇流器就是为荧光灯管点亮提供高电压的，另外，在启动之后，镇流器还可以把电流限制在一个合适的值。

二、辉光启动器简介

辉光启动器外形如图 3-58 所示。

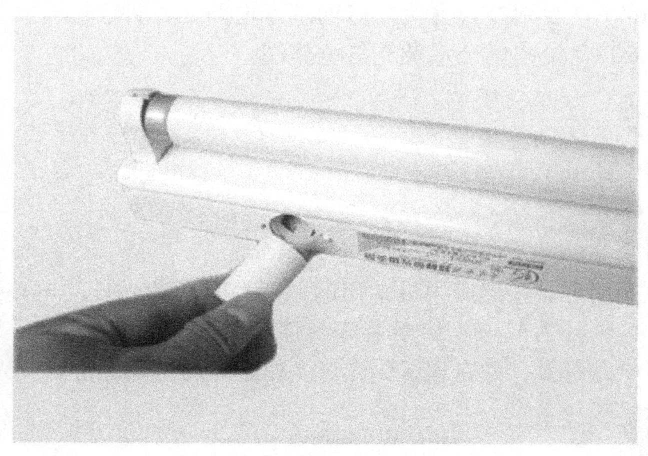
图 3-58　辉光启动器外形

镇流器要产生足以击穿灯管内气体的击穿电压，必须在电路中电流发生突变的情况下才能获得，而使电流产生突变效果是靠辉光启动器实现的，可以这样说，没有辉光启动器，荧光灯管是无法点亮的，另一方面，辉光启动器本身也会出现辉光放电现象，这就是辉光启动器命名的由来。辉光启动器也叫启动器，组成可分为充有氖气的玻璃泡、静触片、动触片以及双金属片。

三、荧光灯管知识

荧光灯分为传统型的荧光灯和无极荧光灯。学校采用的实训用灯管一般为传统型灯管，

俗称“电杠”，传统型荧光灯内装有两个灯丝，灯丝上涂有电子发射材料，俗称电子粉，在交流电压作用下，灯丝交替地作为阴极和阳极，灯管内壁涂有荧光粉，在电场作用下，管内充有的汞会不断受到激发，从而发射出紫外线，管壁上的荧光粉在紫外线照射下，会发出可见光。由于荧光粉所消耗的电能大部分用于产生紫外线，因此，荧光灯的发光效率远比白炽灯要高。

四、荧光灯电路原理

当接通电源时，由于荧光灯没有点亮，电源电压全部加在辉光管的两个电极之间，辉光启动器内的氩气发生电离。电离的高温使得“U”形电极受热趋于伸直，两电极接触，使电流从电源一端流向镇流器→灯丝→辉光启动器→灯丝→电源的另一端，形成通路并加热灯丝。灯丝因有电流（称为启辉电流或预热电流）通过而发热，使氧化物发射电子。同时，辉光管两个电极接通时，电极间电压为零，辉光启动器中的电离现象立即停止，使“U”形金属片因温度下降而复原，两电极离开。在离开的一瞬间，使镇流器流过的电流发生突然变化（突降至零）。由于镇流器铁心线圈的高感作用，产生足够高的自感电动势作用于灯管两端。这个感应电压连同电源电压一起加在灯管的两端，使灯管内的惰性气体电离而产生弧光放电。随着管内温度的逐渐升高，汞蒸气游离，碰撞惰性气体分子放电，当汞蒸气弧光放电时，就会辐射出不可见的紫外线，紫外线激发灯管内壁的荧光粉后发出可见光。

正常工作时，灯管两端的电压较低（40W 灯管的两端电压约为 110V，20W 的灯管约为 60V），此电压不足以使辉光启动器再次产生辉光放电。因此，辉光启动器仅在启辉过程中起作用，一旦启辉完成，便处于断开状态。

任务实施

1. 镇流器的绘制

首先绘制一条水平直线，接着在直线上作出圆形，以这个圆为基本圆，利用“复制”命令、“移动”命令在直线上作出四个圆，如图 3-59 所示。

再利用“修剪”命令，剪掉多余图线，最终得到铁心线圈图形，如图 3-60 所示。

图 3-59　线圈的绘制

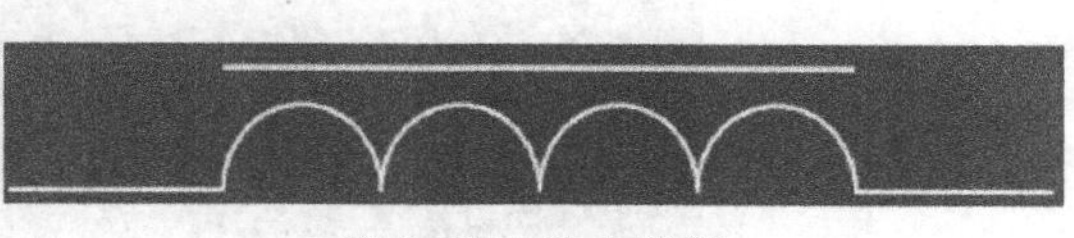

图 3-60　铁心线圈

2. 辉光启动器的绘制

先绘制辉光启动器内部结构，如图 3-61 所示。

再绘制一个圆形，如图 3-62 所示。

3. 荧光灯管的绘制

对于单个荧光管，利用绘制直线、复制、移动等命令完成，荧光灯管电气符号如图3-63 所示。

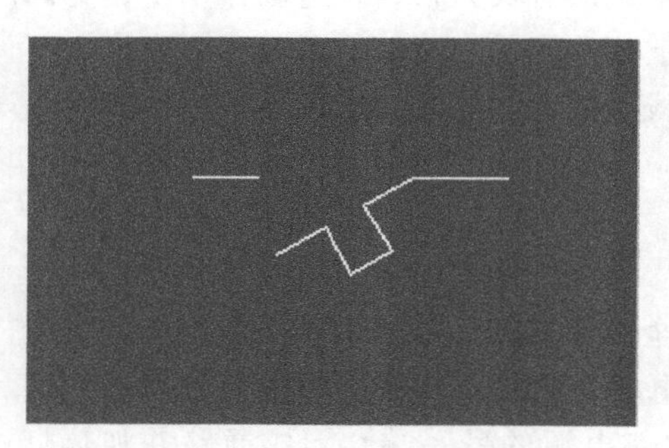

图 3-61 辉光启动器内部电气结构制作

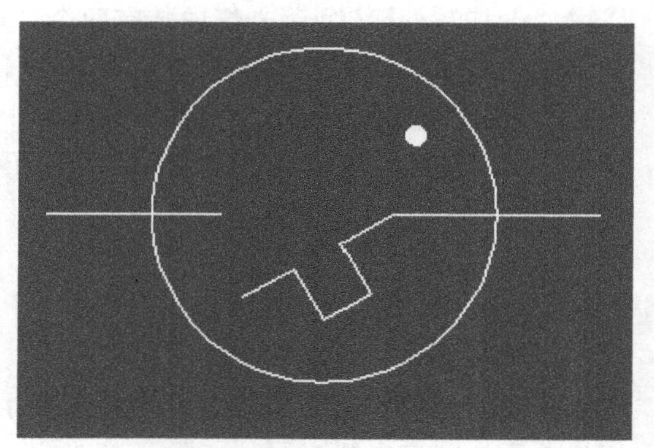

图 3-62 辉光启动器电气符号

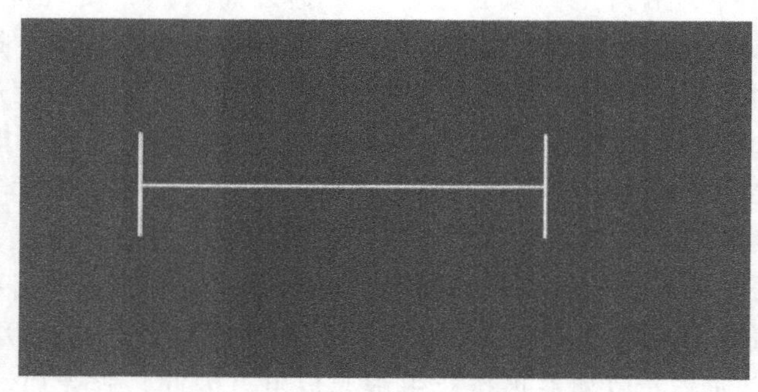

图 3-63 荧光灯管电气符号

对于多个荧光灯管，利用等分点处理，完成绘制，双灯管电气符号如图 3-64 所示。

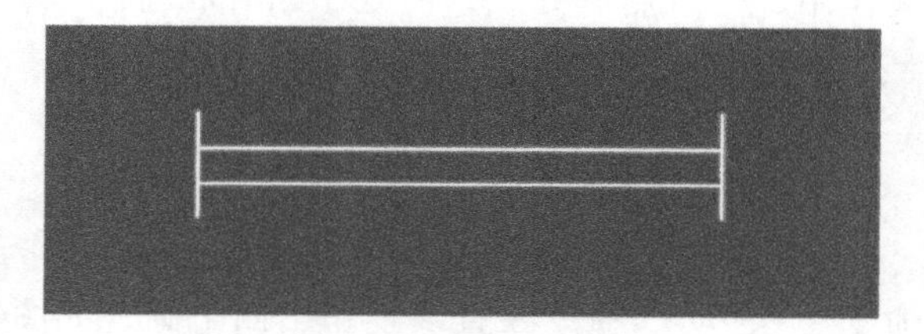

图 3-64 双灯管电气符号

将基本元器件保存成块，使用时随时调用，然后再用导线连接，最终绘制结果如图 3-65 所示。

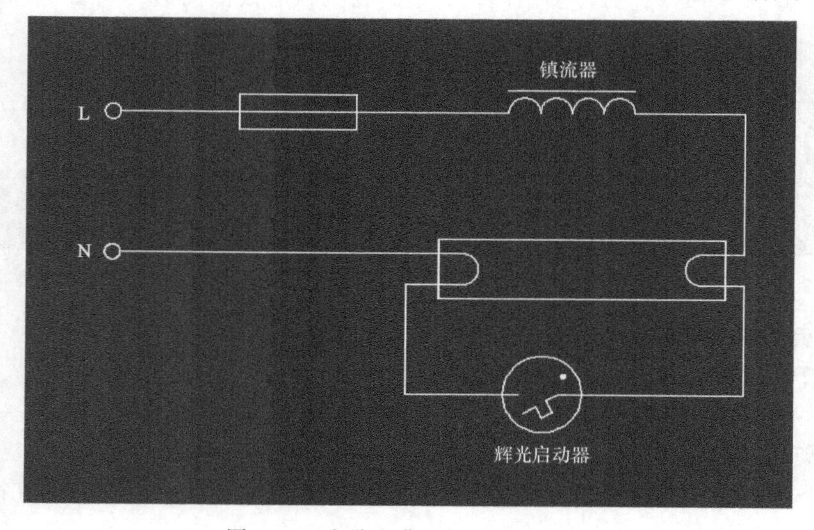

图 3-65 办公室荧光灯电路原理图

习题集萃

1. 单极开关的类型有哪四种，画出这四种开关的电路符号。
2. 一控一灯照明线路的电路组成有哪些？各自在电路中的作用是什么？
3. 在绘制书房门窗时，分别需要用到对象捕捉里的什么？
4. 正交模式在绘制直线时有什么优点？
5. 如何将 Auto CAD 的背景换成白色？
6. 镇流器包括哪两个组成部分，如何绘制？
7. 办公室荧光灯的电路组成包括哪些？叙述其电路原理。

项目四　常用电气控制电路电气原理图的绘制

项目描述

电气制图与识图是电气工程技术人员、自动控制系统设计人员、电力工程技术人员的典型工作任务，是自动化技术高技能人才必须具备的基本技能，也是中职电类专业的一门重要的专业基础课程。本书以培养读者的电气识图与制图技能为目标，详细介绍常用电气控制电路图的绘制方法。本项目以三相异步电动机正反转控制电路电气原理图的绘制、三相异步电动机Y-△减压起动控制电路电气原理图的绘制与 CA6140 型车床电气控制电路图的绘制为内容，通过这三个任务的学习，不仅能够掌握利用 AutoCAD 绘制常用电气控制电路图的方法，同时能够掌握常用电气图的识读，达到电气工程技术人员对电气图识读与绘制的要求。

任务一　三相异步电动机正反转控制电路电气原理图的绘制

学习目标

1. 掌握图块的创建、插入与分解。
2. 能识读常见电气原理图。
3. 能够分析三相异步电动机正反转控制电路的工作原理。
4. 能够绘制三相异步电动机正反转控制电路电气原理图。

建议课时

10 课时。

任务描述

本任务以三相异步电动机正反转控制电路电气原理图入手，介绍基本的识图知识，学习简单控制电路的绘制方法。

知识链接

一、绘制、识读电路图

1. 绘制、识读电路图的原则

电路图（电气原理图）是根据生产机械运动形式对电气控制系统的要求，采用国家统一规定的电气图形符号和文字符号，按照电气设备和电器的工作顺序排列，详细表示电路、设备或成套装置的全部基本组成和连接关系的一种简图，它不涉及电器元器件的结构尺寸、材料选用、安装位置和实际配线方法。

1）电路图一般分电源电路、主电路和辅助电路三部分。

电源电路一般画成水平线，三相交流电源相序 L1、L2、L3 自上而下依次画出，中性线 N 和保护地线 PE，则画在相线之下。直流电源的“+”画在上边，“-”画在下边。电源开关要水平画出。

主电路是指受电的动力装置及控制、保护电器的支路等，是电源向负载提供电能的电路。它由主熔断器、接触器的主触点、热继电器的热元器件以及电动机等组成。主电路通过的电流较大，一般主电路要画在电路图的左侧并垂直于电源电路。

辅助电路一般包括控制主电路工作状态的控制电路、显示主电路工作状态的指示电路、提供机床等设备局部照明的照明电路等。一般由主令电器的触点、接触器线圈及辅助触点、继电器线圈及触点、指示灯和照明灯等组成。辅助电路通过的电流较小，一般不超过 5A。

辅助电路要跨接在两相电源线之间，一般按照控制电路、指示灯电路和照明电路的顺序依次垂直画在主电路的右侧，且与下边电源线相连的耗能元器件要画在电路图的下方，而电器的触点要画在耗能元器件与上边电源线之间。一般应按照自左至右、自上而下的排列来表示操作顺序。

2）电路图中，电气元器件不画实际的外形图，而应采用国家统一规定的电气图形符号表示。

3）同一电器的各元器件不按它们的实际位置画在一起，而是按其在电路中所起的作用分别画在不同的电路中，但它们的动作是相互关联的，必须用同一文字符号标注。若同一电路图中，相同的电器较多，则需要在电气元器件文字符号后面加注不同的数字以示区别。

4）各电器的触点位置都按电路未通电或电器未受外力作用时的常态位置画出，分析原理时应从触点的常态位置出发。

2. 接触器、按钮双重联锁电动机正反转控制电路

在实际生产中，机床工作台需要前进与后退；万能铣床的主轴需要正转与反转；起重机的吊钩需要上升与下降，接触器、按钮双重联锁正反转就是实现电动机正反转的实例。

（1）接触器、按钮双重联锁电动机正反转控制电路分析（见图 4-11）

电源电路：三相交流电源 L1、L2、L3 与低压断路器 QF。

主电路：熔断器 FU1、接触器 KM1 主触点、接触器 KM2 主触点、热继电器和三相异步电动机 M。

控制电路：熔断器 FU2，热继电器 KH 的常闭触点，正转起动复合按钮 SB1，反转起动复合按钮 SB2，停止按钮 SB3，接触器 KM1、KM2 的线圈及其辅助常开、辅助常闭触点。

（2）接触器、按钮双重联锁电动机正反转控制电路工作原理

先合上电源开关 QF。

① 正转控制：

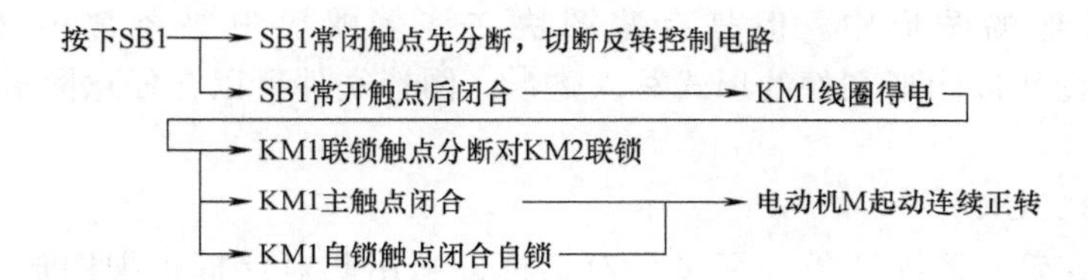

② 反转控制：

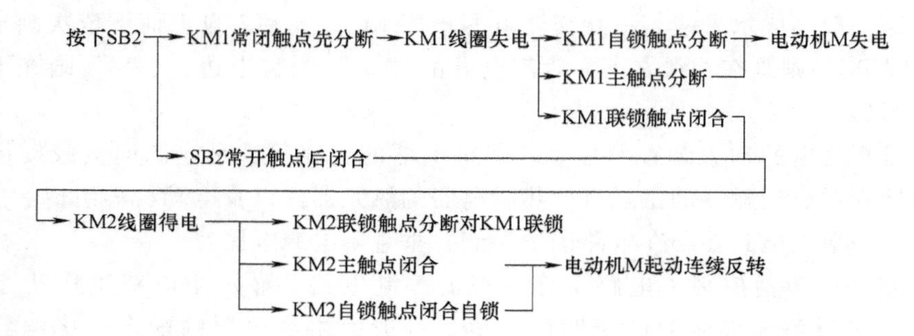

③ 停止：

按下停止按钮 SB3，控制电路失电，KM1（或 KM2）主触点断开，电动机 M 失电停止转动。

二、图块

在电路图中我们经常会用到同种类型的元器件，这些元器件具有相同的图形符号，图块提出了模块化作图的问题，利用图块不仅可避免重复工作，提高绘图速度，而且大大节省了磁盘空间。

图块也称块，它是由一组图形对象组成的集合。图块是一个整体，选择图块中任意一个图形对象即可选中构成图块的所有对象。

1. 定义图块

单击“绘图”工具栏中的“创建块”命令，系统打开“块定义”对话框，利用该对话框可定义图块并命名。

①“基点”：确定图块的基点，默认值是（0，0，0），也可以在下面的 X、Y、Z 文本框中输入块的基点坐标值。单击“拾取点”按钮 拾取点(K)，系统临时切换到绘图区，在绘图区选择一点后，返回“块定义”对话框，把选择的点作为图块的放置基点。

②“对象”：用于选择制作图块的对象，以及设置图块对象的相关属性。

③“设置”：指定从 Auto CAD 设计中心拖动图块时用于测量图块的单位，以及缩放、分解、超链接等设置。

④“在块编辑器中打开”：勾选此复选框，可以在块编辑器中定义动态块。

⑤“方式”：指定块的行为。“注释性”复选框，指定在图纸空间中块参照的方向与布局方向匹配；“按统一比例缩放”复选框，指定是否阻止块参照不按照比例缩放；“允许分解”复选框，指定块参照是否可以被分解。

2. 图块的存盘

利用 BLOCK 命令定义的图块保存在其所属的图形当中，该图块只能在该图形中插入，而不能插入到其他的图形中。但是有些图块在许多图形中要经常用到，这时可以用 WBLOCK 命令把图块以图形文件的形式写入磁盘。图形文件可以在任意图形中用 INSERT 命令插入。

命令行：WBLOCK

执行上述命令后，系统打开“写块”对话框，利用此对话框可把图形对象保存为图形

文件。

①“源”：确定要保存为图形文件的图块。选择“块”单选钮，单击右侧的下拉列表框，在其展开的列表中选择一个图块，将其保存为图形文件；选择“整个图形”单选钮，则把当前的整个图形保存为图形文件；选择“对象”单选钮，则把不属于图块的图形对象保存为图形文件。对象的选择通过“对象”选项组来完成。

②“目标”：用于指定图形文件的名称、保存路径和插入单位。

3. 图块的插入

在 Auto CAD 绘图过程中，可根据需要随时把已经定义好的图块插入到当前图形的任意位置，在插入的同时还可以改变图块的大小、旋转一定角度或把图块拆开等。单击“绘图”工具栏中的“插入块”命令，系统打开“插入”对话框，可以选择需要插入的图块及其位置。

①“路径”：显示图块的保存路径。

②“插入点”：指定插入点，插入图块时该点与图块的基点重合，可以在绘图区指定该点。

③“比例”：确定插入图块的缩放比例。图块被插入到当前图形中时，可以任意比例放大或缩小。

4. 图块的分解

对块进行分解是得到与块相近图形的快速方法，使用“分解”命令可以将所选的块分解成单个图形对象，即恢复块定义以前的状态。**注意：在块定义中取消“允许分解”项，分解命令对该块无效。“分解”块的命令形式：单击“修改”工具栏“分解”命令。**

任务实施

一、元器件的绘制

1. 低压断路器电气图形符号的绘制

① 单击“绘图”工具栏中的“直线”命令，竖直绘制一条长度为 6 的直线。

② 单击“绘图”工具栏中的“矩形”命令，画一个 2×2 的正方形，然后用“直线”命令，绘制对角线，用“删除”命令将矩形框删除。

③ 单击“绘图”工具栏中的“移动”命令，捕捉对角线的交点，将其移动至直线的上端。

④ 单击“绘图”工具栏中的“旋转”命令，将直线旋转30°，低压断路器电气图形符号绘制完成。低压断路器电气图形符号的绘制过程如图 4-1 所示。

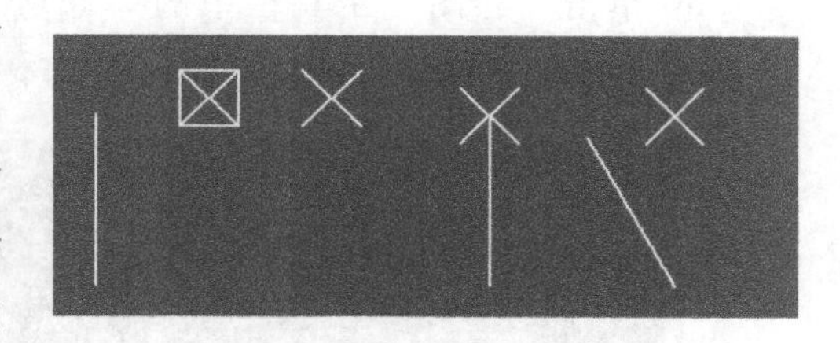

图 4-1　低压断路器电气图形符号的绘制过程

在电路图中需多次使用低压断路器电气图形符号，所以将该对象定义成块。单击“绘图”工具栏中的“创建块”命令，打开图 4-2 所示的“块定义”对话框，选取图 4-1 所示低压断路器图形，创建名为“低压断路器”的块。再次使用时可以“插入块”或者复制即可。

2. 熔断器电气图形符号的绘制

① 单击“绘图”工具栏中的“矩形”命令，画一个 2×5 的长方形。

② 单击“绘图”工具栏中的“直线”命令，竖直绘制一条长度为 10 的直线。

③ 单击“绘图”工具栏中的“移动”命令，组成熔断器电气图形符号。

④ 熔断器电气图形符号创建成熔断器块并保存，绘制过程如图 4-3 所示，并将其定义成图块。

3. 接触器电气图形符号的绘制

（1）接触器线圈的绘制

单击“绘图”工具栏中的“矩形”命令，画一个 3×5 的长方形，并将线宽改为 0.35，接触器线圈绘制完成。

块定义
名称 (A)：
低压断路器
基点
拾取点 (K)
X： 0
Y： 0
Z： 0
对象
选择对象 (T)
保留 (R)
转换为块 (C)
删除 (D)
未选定对象
设置
块单位 (U)：
毫米
按统一比例缩放 (S)
允许分解 (P)
说明 (E)：
超链接 (L)...
在块编辑器中打开 (O)
确定 取消 帮助 (H)

图 4-2 低压断路器块的创建

（2）接触器主触点的绘制

① 单击“绘图”工具栏中的“直线”命令，水平绘制一条长度为 8 的直线。

② 单击“修改”工具栏中的“偏移”命令，设置偏移距离为 5，在水平线下侧得到一根直线辅助线；继续“偏移”命令，设置偏移距离为 1，在上侧得到一根直线辅助线。

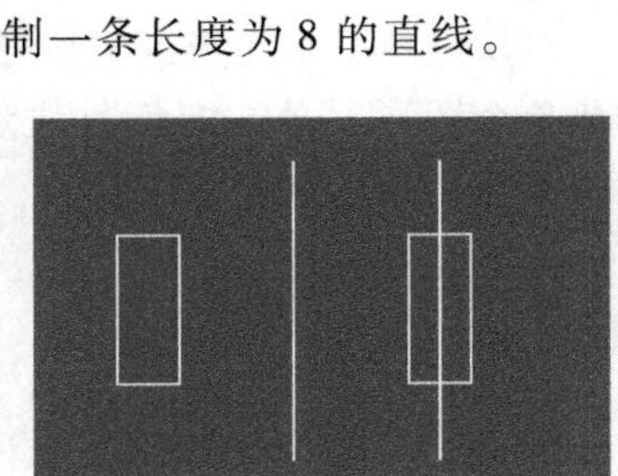

图 4-3 熔断器电气图形符号的绘制过程

③ 单击“绘图”工具栏中的“直线”命令，利用“中点捕捉”命令，竖直绘制一条长度为 6 的直线；单击“绘图”工具栏中的“旋转”命令，将直线旋转 30°。

④ 继续“直线”命令，利用捕捉命令，绘制一条长为 15 的直线。

⑤ 单击“绘图”工具栏中的“圆”命令并捕捉交点为圆心、半径为 1 的圆。

⑥ 单击“绘图”工具栏中的“修剪”命令进行修剪，删去辅助线，即可得到 KM 主触点电气图形符号，绘制过程如图 4-4 所示，最后将其定义为图块。

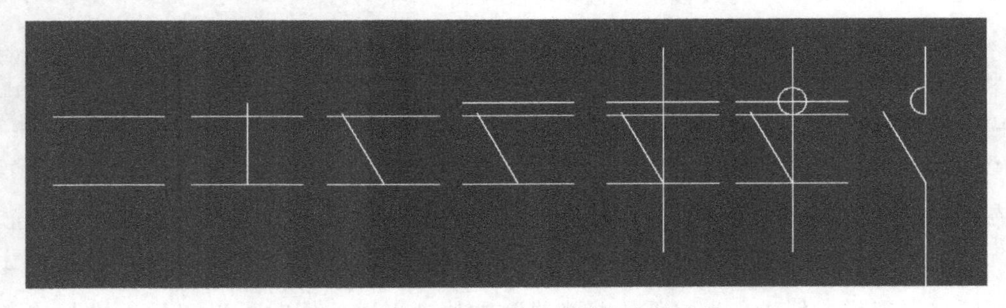

图 4-4 接触器电气图形符号的绘制过程

4. 热继电器电气图形符号的绘制

（1）热继电器热元器件的绘制

① 单击“绘图”工具栏中的“矩形”命令，画一个 15×4.5 的长方形。

② 单击“绘图”工具栏中的“多段线”命令，捕捉中点，绘制并完成热元器件的绘制，如图 4-5 所示，并将其定义为图块。

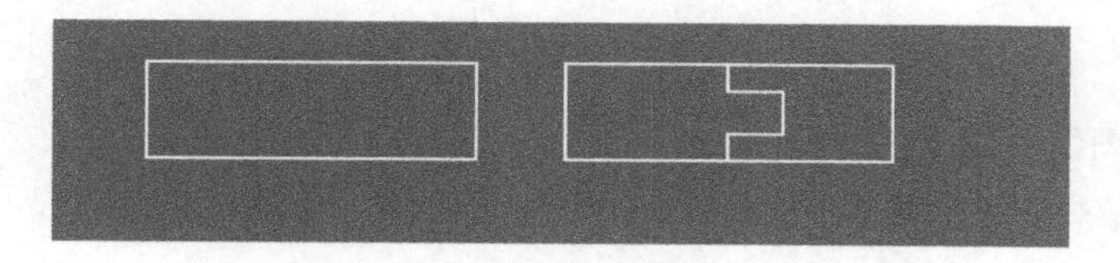

图 4-5 热继电器热元器件电气图形符号的绘制过程

（2）热继电器常闭触点的绘制

① 单击“绘图”工具栏中的“直线”命令，竖直绘制一条长度为 6 的直线。

② 单击“绘图”工具栏中的“旋转”命令，将直线旋转 -25°；利用“直线”命令竖直绘制一条长为 5 的辅助线。

③ 单击“绘图”工具栏中的“直线”命令，利用“端点捕捉”命令，绘制一条垂直于辅助线的直线，长度适合；完成后把辅助线删去。

④ 单击“绘图”工具栏中的“直线”命令，利用“中点捕捉”命令，绘制一条长度为 3 的虚线（线型选择 DASHED）。

⑤ 用“直线”和“镜像”命令，完成热继电器常闭触点的绘制，绘制过程如图 4-6 所示，并将其定义为图块。

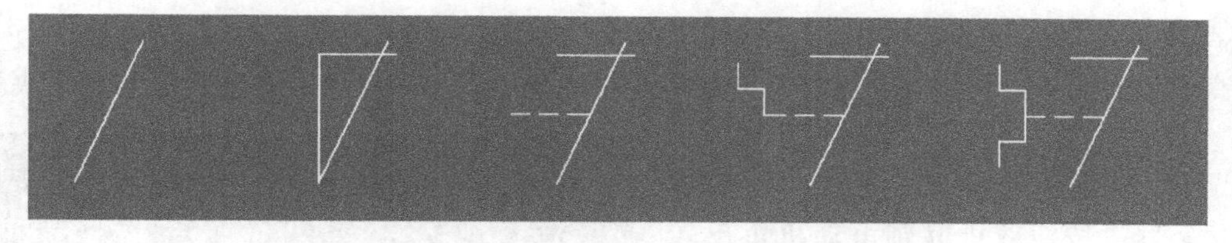

图 4-6 热继电器常闭触点电气图形符号的绘制过程

5. 按钮电气图形符号的绘制

（1）常开按钮电气图形符号的绘制

① 单击“绘图”工具栏中的“直线”命令，竖直绘制一条长度为 6 的直线。

② 单击“绘图”工具栏中的“旋转”命令，将直线旋转 30°。

③ 单击“绘图”工具栏中的“直线”命令，利用“中点捕捉”命令，绘制一条长度为 4 的虚线（线型选择 DASHED）。

④ 利用“直线”和“镜像”命令，完成按钮的绘制，如图 4-7 所示，并将其定义为图块。

（2）常闭按钮电气图形符号的绘制

① 单击“绘图”工具栏中的“直线”命令，竖直绘制一条长度为 6 的直线。

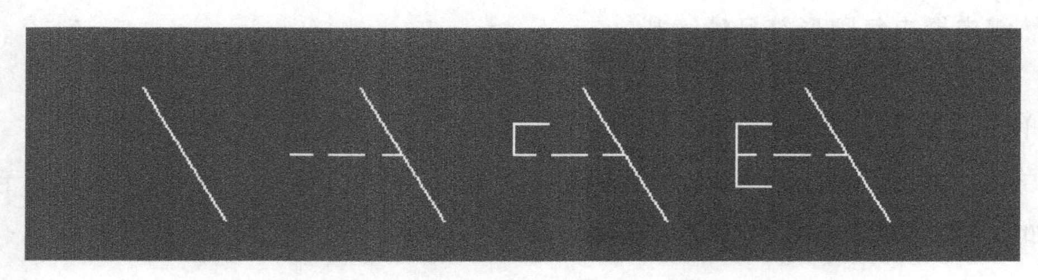

图 4-7　常开按钮的绘制过程

② 单击“绘图”工具栏中的“旋转”命令，将直线旋转 -25°；利用“直线”命令竖直绘制一条长为 5 的辅助线。

③ 单击“绘图”工具栏中的“直线”命令，利用“端点捕捉”命令，绘制一条垂直于辅助线的直线，长度适合，完成后把辅助线删去。

④ 其他步骤同常开按钮的绘制，绘制过程如图 4-8 所示，并将其定义为图块。

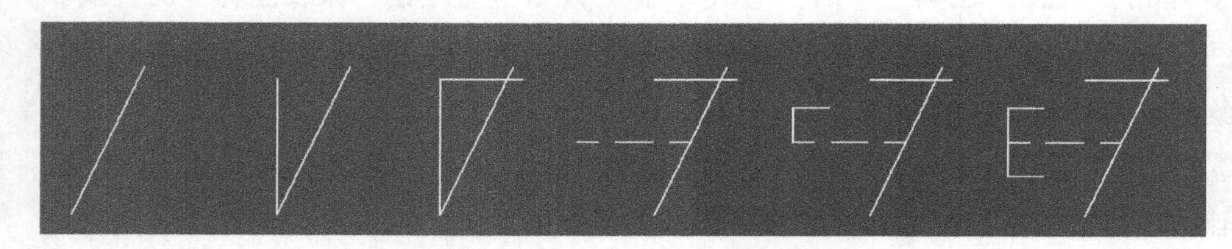

图 4-8　常闭按钮电气图形符号的绘制过程

6. 电动机电气图形符号的绘制

① 单击“绘图”工具栏中的“圆”命令，选择一点作为圆心，绘制一个半径为 7.5 的圆。

② 添加文字。单击“绘图”工具栏中的“多行文字”命令 A，输入“M”和“3～”，字体高度设置为 3。电动机电气图形符号的绘制过程如图 4-9 所示，并将其定义为图块。

二、电路图的绘制

接触器、按钮双重联锁电动机正反转控制电路中所有的元器件都是用直线来表示的导线连接而成的，将元器件除去，电路图就变为只有直线的结构图，称为线路结构图。我们需要先绘制好线路的结构图，然后将元器件插入即可完成电路图的绘制。

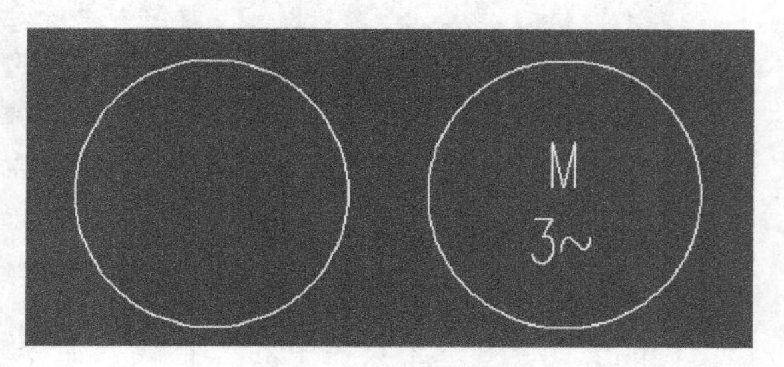

图 4-9　电动机电气图形符号的绘制过程

1）单击“绘图”工具栏中的“直线”命令，以及“修改”工具栏中的“偏移”命令等，并结合“正交”模式和“对象捕捉”模式，绘制一系列水平和竖直直线，得到接触器、按钮双重联锁电动机正反转控制电路的线路结构图，如图 4-10 所示。

2）插入图形符号到结构图。将前面画好的元器件图形符号依次复制、移动到线路结构图的相应位置上。插入过程中，结合使用“修改”工具栏中的“修剪”命令、“删除”命令以及“对象捕捉”命令等，删除多余的图形。**同时注意协调各图形符号的大小与线路结**

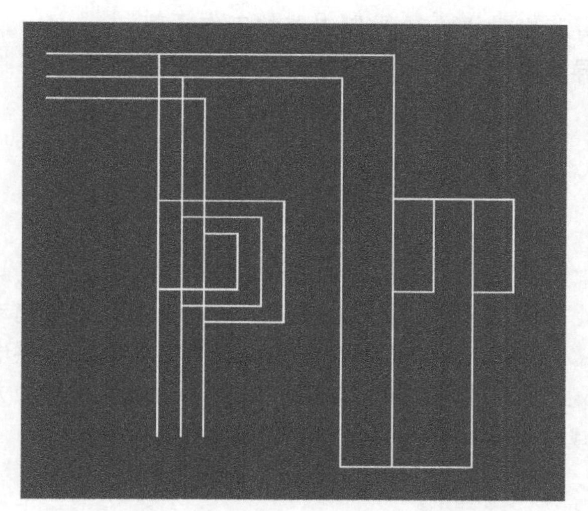

图 4-10　接触器、按钮双重联锁电动机正反转控制电路的线路结构图

构时，要根据实际需要进行调整。

3）添加文字。单击“绘图”工具栏中的“多行文字”命令 A 或者选择菜单栏中的“绘图”→“文字”→“单行文字”命令，设置文字样式，文字高度为 3.5，宽度比例设置为 0.7，完成文字的添加。文字的具体设置在后续任务中具体讲解。最后我们得到接触器、按钮双重联锁电动机正反转控制电路图，如图 4-11 所示。

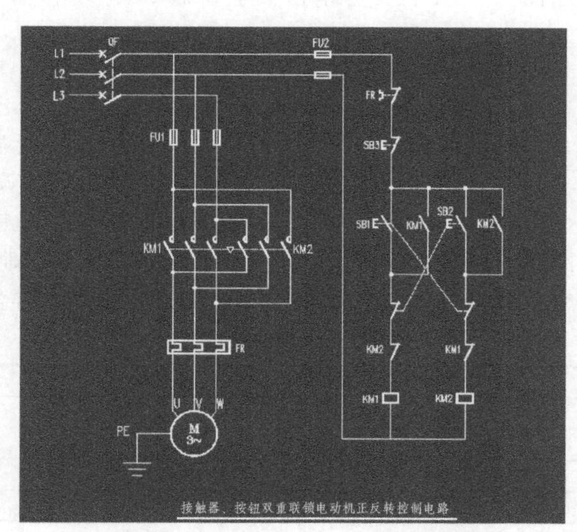

图 4-11　接触器、按钮双重联锁电动机正反转控制电路图

任务二　三相异步电动机Y-△减压起动控制电路电气原理图的绘制

学习目标

1. 掌握常用电器的电气图形符号的绘制。

2. 能够分析三相异步电动机Y-△控制电路的工作原理。

3. 能够绘制三相异步电动机Y-△控制电路的电气原理图。

建议课时

6 课时。

任务描述

在电源变压器容量不够大，而电动机功率较大的情况下，直接起动将导致电源变压器输出电压下降，不仅会减小电动机本身的起动转矩，而且会影响同一供电线路中其他电气设备的正常工作。因此，较大容量的电动机起动时，需要采用减压起动的方法。本任务主要讲解三相异步电动机Y-△减压起动典型控制电路的识读与绘制。

知识链接

一、文本标注

在绘制图形的过程中，我们常常需要进行文字标注。在 Auto CAD 中，我们可以创建单行文字，也可以创建多行文字。

1. 单行文字

选择菜单栏中的“绘图”→“文字”→“单行文字”命令。

命令行提示如下：

```
命令：_dtext
当前文字样式： Standard  当前文字高度： 0.0000
指定文字的起点或［对正(J)/样式(S)］：                //指定文字的起点
指定高度 <3.0000>：3                                //指定文字的高度
指定文字的旋转角度 <0>：                             //指定文字的旋转角度
```

实际绘图时，有时需要一些特殊字符，Auto CAD 提供了一些控制码，用以实现特殊字符的输入。控制码用两个百分号（%%）加一个字符构成，常用的控制码见表 4-1。

表 4-1 常用的控制码

控制码	标注的特殊字符	控制码	标注的特殊字符
%%O	上画线	\u+0278	电相位
%%U	下画线	\u+E101	流线
%%D	“度”符号(°)	\u+2261	标识
%%P	正负符号(±)	\u+E102	界碑线
%%C	直径符号(Φ)	\u+2260	不等于(≠)
%%%	百分号(%)	\u+2126	欧姆(Ω)
\u+2248	约等于(≈)	\u+03A9	欧米茄(Ω)
\u+2220	角度符号(∠)	\u+214A	低界线
\u+E100	边界线	\u+2082	下标 2

2. 多行文字

单击“绘图”工具栏中的“多行文字”命令 A。

命令行提示如下：

命令：_mtext 当前文字样式："Standard"　当前文字高度：19.8811

指定第一角点：　　　　　　　　　　　//指定矩形框的第一个角点

指定对角点或［高度(H)/对正(J)/行距(L)/旋转(R)/样式(S)/宽度(W)］：

在创建多行文字时，只要指定文本行的起始点和宽度后，系统就会打开多行文字编辑器，该编辑器包含一个“文字格式”对话框和一个快捷菜单。用户可以在编辑器中输入并编辑多行文字，包括设置字体高度、文本样式等。

二、三相异步电动机Y-△减压起动控制电路

1. 三相异步电动机Y-△减压起动控制电路分析（见图4-15）

电源电路：三相交流电源L1、L2、L3与低压断路器QF。

主电路：熔断器FU1、接触器KM主触点、接触器KM_{Y}主触点、接触器$KM_{\triangle}$主触点、热继电器和三相异步电动机M。

控制电路：熔断器FU2、热继电器FR的常闭触点、起动按钮SB1、停止按钮SB2、时间继电器KT的线圈及其常闭触点，接触器KM_{Y}、$KM_{\triangle}$的线圈及其辅助常开、辅助常闭触点。

2. 三相异步电动机Y-△减压起动控制电路工作原理

先合上电源开关QF。

（1）起动

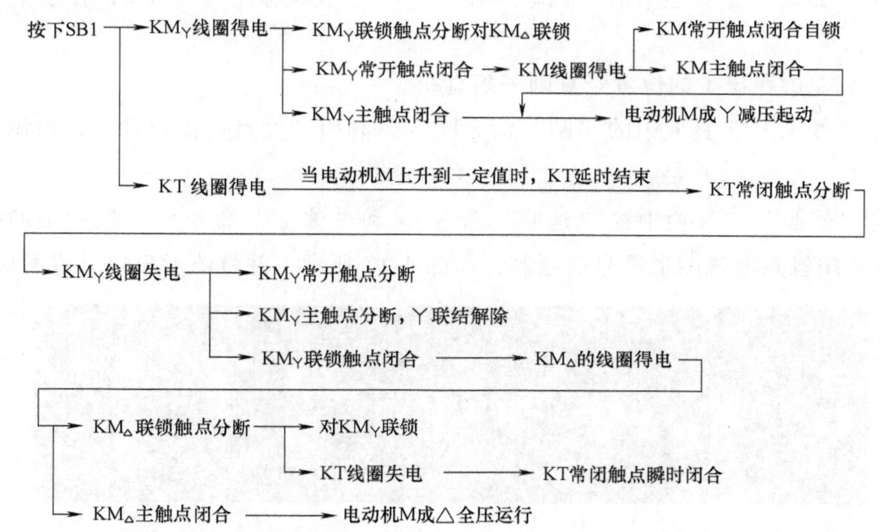

（2）停止　按下停止按钮SB2，整个控制电路失电，KM主触点断开，电动机M失电停止转动。

任务实施

一、元器件的绘制

三相异步电动机Y-△减压起动电路中大多数元器件的绘制方法在上个任务中已经讲过，这里主要讲解新增元器件：时间继电器电气图形符号的绘制。这里主要对延伸命令和修剪命

令进行学习。

（1）时间继电器线圈电气图形符号的绘制

① 单击“绘图”工具栏中的“矩形”命令，画一个 6×3 的长方形。

② 单击“绘图”工具栏中的“直线”命令，利用捕捉功能，绘制并完成时间继电器线圈电气图形符号的绘制，如图 4-12 所示，并将其定义为图块。

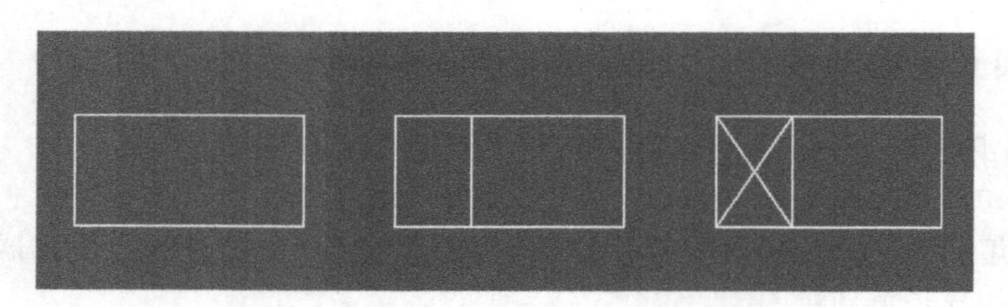

图 4-12　时间继电器线圈电气图形符号的绘制过程

（2）时间继电器常闭触点的绘制

① 在常闭按钮的基础上进行绘制。

② 单击“绘图”工具栏中的“直线”命令，利用“中点捕捉”命令，绘制一条长度为 4 的辅助线。

③ 单击“修改”工具栏中的“偏移”命令，设置偏移距离为 0.5，在水平线两侧得到两根直线。

④ 在距离左侧距离 1 的位置竖直画一条直线。

⑤ 单击“绘图”工具栏中的“圆”命令，利用“交点捕捉”命令，绘制一个半径为 1 的圆。

⑥ 利用“修改”工具栏中的“延伸”命令和“修剪”命令，删除辅助线，完成时间继电器常闭触点电气图形符号的绘制，如图 4-13 所示，并将该对象定义成图块。

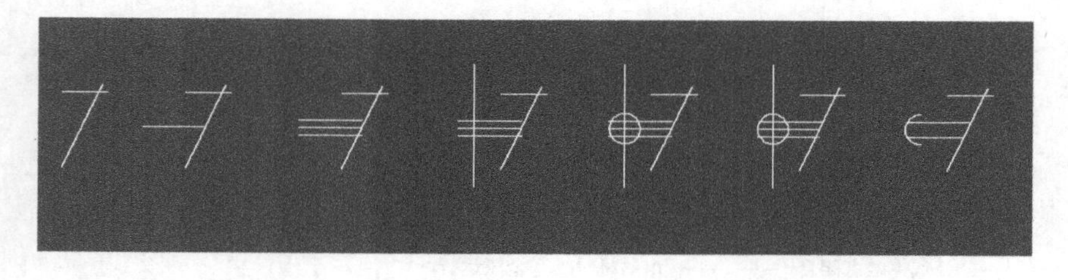

图 4-13　时间继电器常闭触点电气图形符号的绘制过程

二、电气原理图的绘制

1. 线路结构图的绘制

单击“绘图”工具栏中的“直线”命令，以及“修改”工具栏中的“偏移”命令等，并结合“正交”模式和“对象捕捉”模式，绘制一系列水平和竖直直线，得到三相异步电动机Y-△减压起动控制电路的线路结构图，如图 4-14 所示。

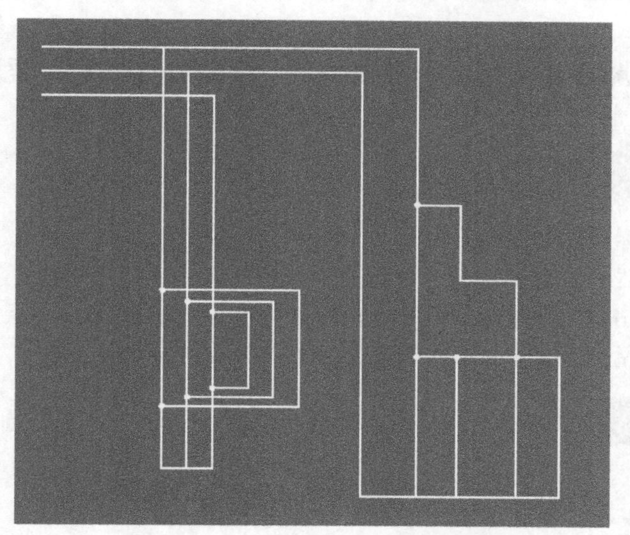

图 4-14 三相异步电动机Y-△减压起动控制电路的线路结构图

2. 插入电气图形符号到线路结构图

将前面画好的元器件电气图形符号依次复制、移动到线路结构图的相应位置上。插入过程中，结合使用“修改”工具栏中的“修剪”命令、“删除”命令以及“对象捕捉”命令等，删除多余的图形。同时注意协调各图形符号的大小与线路结构时，要根据实际需要进行调整。

3. 添加文字

单击“绘图”工具栏中的“多行文字”命令 A，或者选择菜单栏中的“绘图”→“文字”→“单行文字”命令，设置文字样式，文字高度为 3.5，宽度比例设置为 0.7，完成文字的添加。文字的具体设置在后续任务中具体讲解。最后我们得到三相异步电动机Y-△减压起动控制电路电气原理图，如图 4-15 所示。

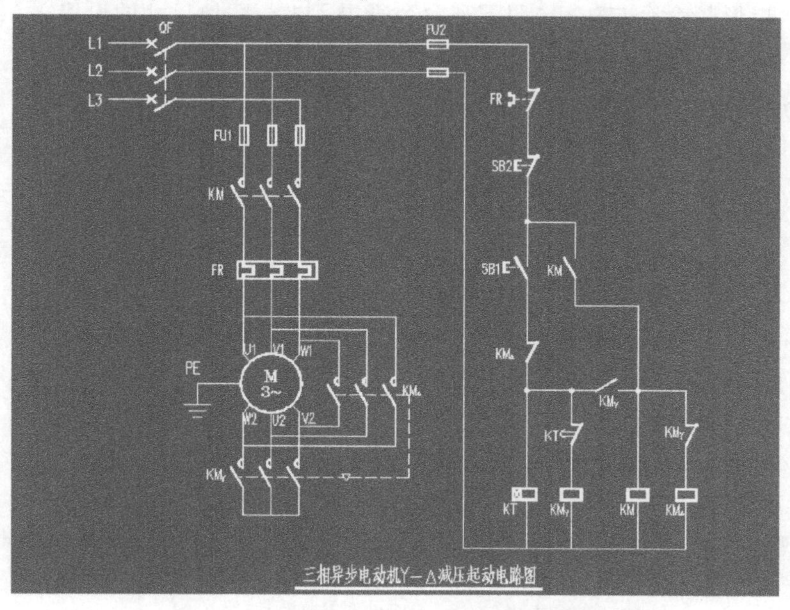

图 4-15 三相异步电动机Y-△减压起动电气原理图

任务三　CA6140 型卧式车床电气控制电路电气原理图的绘制

学习目标

1. 掌握图框和标题栏的绘制。
2. 掌握常用电器的电气图形符号的绘制。
3. 能够分析 CA6140 型卧式车床电气控制电路的工作原理。
4. 能够绘制 CA6140 型卧式车床电气控制电路的电气原理图。

建议课时

8 课时。

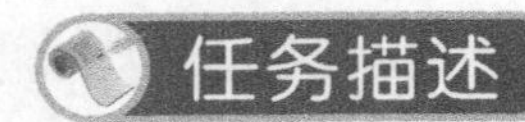

常用生产机械电气控制电路安装与检修的前提是能够正确识读电气图，本任务主要介绍机械加工中应用较广的 CA6140 型卧式车床电气控制电路图的识读与绘制。图 4-16 所示为 CA6140 型卧式车床电气控制电路电气原理图。

知识链接

一、电气原理图图幅

1. 电气原理图图幅的绘制

以 A4（297×210）图幅为例，给出图幅的绘制过程及方法。

① 单击“矩形”命令，按照下列命令行提示进行图块尺寸的设置。

命令行提示如下：

```
命令：_rectang
指定第一个角点或［倒角(C)/标高(E)/圆角(F)/厚度(T)/宽度(W)］：
指定另一个角点或［面积(A)/尺寸(D)/旋转(R)］：d
指定矩形的长度 <10.0000>：297
指定矩形的宽度 <10.0000>：210
指定另一个角点或［面积(A)/尺寸(D)/旋转(R)］：
```

② 这里选择不需要装订的图纸类型，即内框和外框四周距离相等，用“偏移”命令绘制距离为 10 的内框，命令行提示如下：

```
命令：_offset
当前设置：删除源=否　图层=源　OFFSETGAPTYPE=0
指定偏移距离或［通过(T)/删除(E)/图层(L)］<通过>：　10
选择要偏移的对象,或［退出(E)/放弃(U)］<退出>://指定偏移对象,按空格或 Enter 结束
指定要偏移的那一侧上的点,或［退出(E)/多个(M)/放弃(U)］<退出>://指定偏移方向
选择要偏移的对象,或［退出(E)/放弃(U)］<退出>：
```

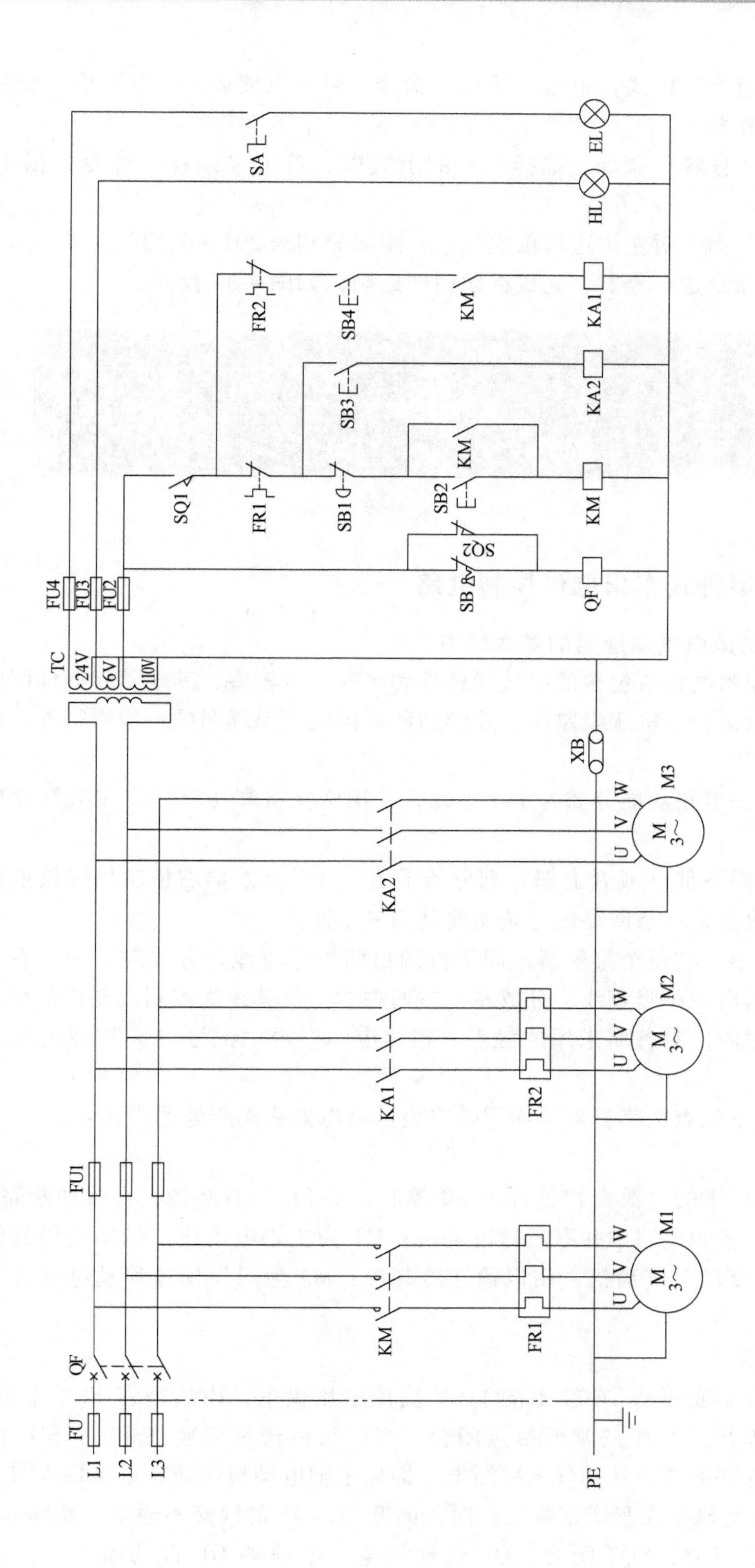

图 4-16 CA6140 型卧式车床电气控制电路电气原理图

2. 绘制标题栏

① 打开"对象捕捉"模式，单击"矩形"命令，第一点捕捉内框右下角，绘制长 180、宽 42 的矩形标题栏外框。

② 对外框使用"分解"命令，选择矩形的上边框，单击"偏移"命令，偏移量为 7，依次向下偏移。

③ 单击"偏移"命令对左边边框依次偏移，距离分别为 30、40、30。

④ 用"修剪"命令进行修剪，完成标题栏的绘制，如图 4-17 所示。

设计		单位	
工艺		图名	
审核			
审定			

图 4-17　标题栏

二、CA6140 型卧式车床电气控制电路

1. 绘制和识读机床电气原理图的基本知识

一般机床电气控制电路所包含的电气元器件和电气设备较多，其电器元器件图的符号较多，因此，为便于识读分析机床电路图，除绘制和识读电气原理图的一般原则外，还应该明确以下几点：

1）电气原理图按电路功能分成若干个单元，并用文字将其功能标注在电气原理图上部的栏内。

2）在电气原理图下部（或者上部）划分若干图区，并从左向右依次用阿拉伯数字编号标注在图区栏内。通常是一条回路或一条支路划为一个图区。

3）电气原理图中，在每个接触器线圈下方画出两条竖直线，分成左、中、右三栏，每个继电器线圈下方画出一条竖直线，分成左、右两栏。把受其线圈控制而动作的触点所处的图区号填入相应的栏内，对备而未用的触点，在相应的栏内用记号"×"标出或不标出任何符号。

4）电气原理图中触点文字符号下面用数字表示该电器线圈所处的图区号。

2. 主电路分析

CA6140 型卧式车床的电源由钥匙开关 SB 控制，将 SB 向右旋转，再扳动断路器 QF 将三相电源引入。电气控制电路中共有三台电动机；M1 为主轴电动机，带动主轴旋转和刀架作进给运动；M2 为冷却泵电动机，用以输送冷却液；M3 为刀架快速移动电动机，用以拖动刀架快速移动。

3. 控制电路分析

控制电路通过控制变压器 TC 输出的 110V 交流电压供电，由熔断器 FU2 作短路保护。在正常工作时，行程开关 SQ1 的常开触点闭合。当床头传送带罩被打开时，SQ1 的常开触点断开，切断控制电路电源，从而使 KM 断电，即使主轴电动机停转，以确保人身安全。钥匙开关 SB 和行程开关 SQ2 在车床正常工作时是断开的，QF 的线圈不通电，断路器 QF 能合闸。当打开配电箱龛门时，SQ2 闭合，QF 线圈得电，断路器 QF 自动断开，切断车床的

电源。

（1）主轴电动机 M1 的控制

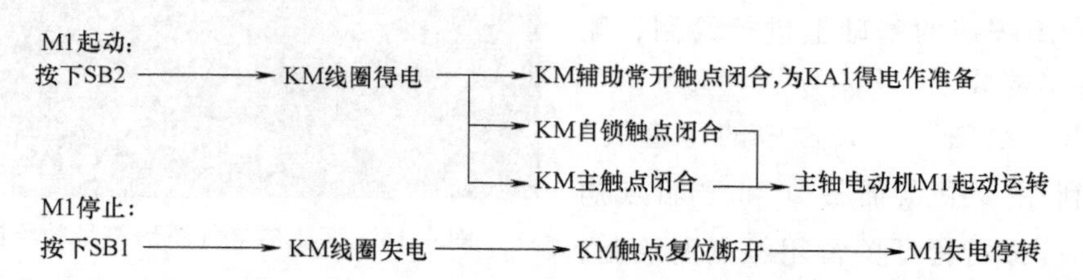

（2）冷却泵电动机 M2 的控制　主轴电动机 M1 和冷却泵电动机 M2 在控制电路中实现顺序控制，只有当主轴电动机 M1 起动后，KM 的常开触点闭合，合上旋转开关 SB4，中间继电器 KA1 吸合，冷却泵电动机 M2 才能起动。当 M1 停止运行或断开旋钮开关 SB4 时，M2 停止运行。

（3）刀架快速移动电动机 M3 的控制　刀架快速移动电动机 M3 的起动是由安装在进给操作手柄顶端的按钮 SB3 控制的，它与中间继电器 KA2 组成点动控制环节。将操作手柄扳到所需移动的方向，按下 SB3，KA2 得电吸合，电动机 M3 起动运转，刀架沿指定的方向快速移动。刀架快速移动电动机 M3 是短时间工作，故未设过载保护。

4. 照明与信号电路分析

控制变压器 TC 的二次侧输出 24V 和 6V 电压，分别作为车床照明和指示灯的电源。EL 为车床的低压照明灯，由开关 SA 控制，FU4 作短路保护；HL 为电源指示灯，FU3 作短路保护。

任务实施

一、元器件的绘制

1. 变压器电气图形符号的绘制

① 单击“绘图”工具栏中的“圆弧”命令，画直径为 2.5 的半圆。

命令行提示如下：

```
命令：_arc
指定圆弧的起点或［圆心(C)］：c//c 表示圆心定位
指定圆弧的圆心：//指定任意一点
指定圆弧的起点：1.25//设置距离圆心右侧水平方向为 1.25
指定圆弧的端点或［角度(A)/弦长(L)］：a//选择角度
指定包含角：180
```

② 单击“修改”工具栏中的“复制”命令，利用“对象捕捉”命令，复制完成 4 个相切半圆弧的绘制。

③ 单击“修改工具栏中的“旋转”命令，将绘制图形旋转 90°，完成变压器符号的绘制，如图 4-18 所示。

④ 单击“绘图”工具栏中的“创建块”命令，把变压器符号生成“变压器”图块并保存。

2. 行程开关电气图形符号的绘制

(1) 常闭触点的绘制

① 在常闭按钮的基础上进行绘制，删除按钮的左半部分。

② 单击“绘图”工具栏中的“直线”命令，利用“中点捕捉”和“端点捕捉”命令，完成行程开关常闭触点的绘制，如图 4-19 所示，并将其定义成块。

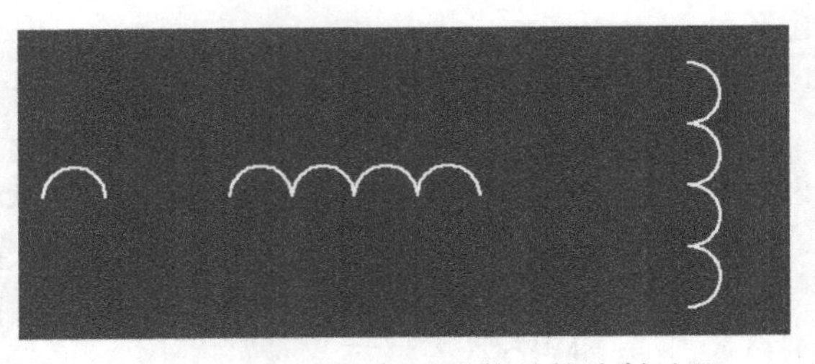

图 4-18　变压器电气图形符号的绘制过程

(2) 常开触点电气图形符号的绘制

① 在行程开关常闭触点电气图形符号的基础上进行绘制。

② 单击“修改”工具栏中的“镜像”命令，对常闭触点作镜像处理；

命令行提示如下：

命令：_mirror

选择对象：(选择要镜像的对象)

指定镜像线的第一点：

指定镜像线的第二点：(指定镜像线)

要删除源对象吗？[是(Y)/否(N)] <N>：(注：选择是否删除源对象)

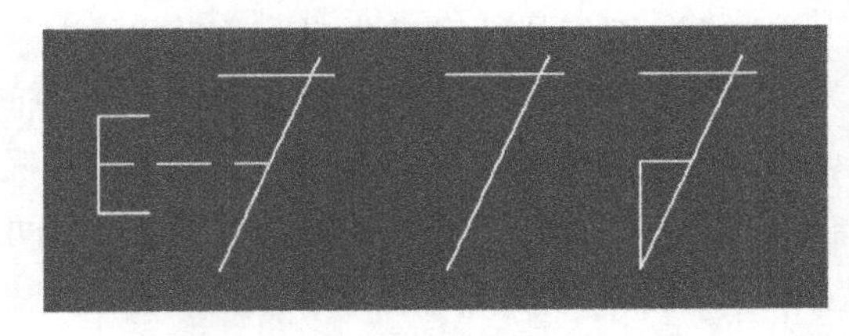

图 4-19　行程开关常闭触点电气图形符号的绘制过程

③ 单击“修改”工具栏中的“删除”命令，删除多余的线段。

④ 单击“修改”工具栏中的“镜像”命令，对小三角作镜像处理，并选择开关斜线为镜像线。

⑤ 命令行输入 Y 删除原图形，行程开关常开触点绘制完成，如图 4-20 所示，并将其定义成图块。

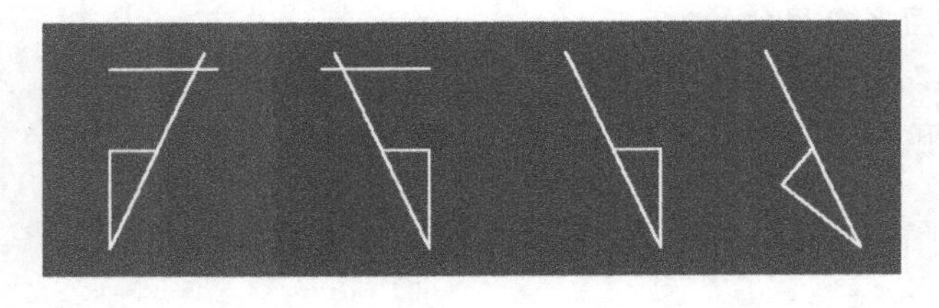

图 4-20　行程开关常开触点电气图形符号的绘制过程

3. 急停按钮电气图形符号的绘制

① 在常闭按钮的基础上进行绘制。

② 单击“绘图”工具栏中的“圆”命令，利用“中点捕捉”命令，绘制半径为 1.25 的圆。

③ 单击“修改”工具栏中的“修剪”命令，删除多余线段，完成急停按钮的绘制，如图 4-21 所示，并将其定义成图块。

4. 钥匙开关电气图形符号的绘制

① 在常闭按钮的基础上进行绘制。

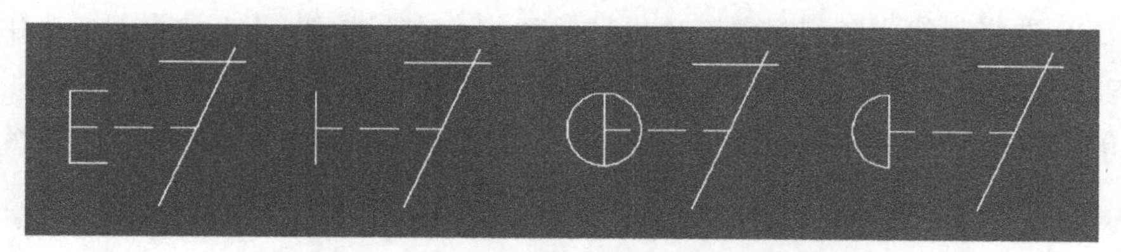

图 4-21 急停按钮电气图形符号的绘制过程

② 单击“绘图”工具栏中的“直线”命令，利用“中点捕捉”命令，绘制一条长为 3 的直线。

③ 单击“绘制”工具栏中的“正多边形”命令，绘制一个边长为 1 的三角形；单击“修改”工具栏中的“修剪”命令，删除多余线段。

命令行提示如下：

命令：_polygon 输入边的数目 <3>：（选择多边形的边数）
指定正多边形的中心点或［边(E)］：e（以三角形边长定位）
指定边的第一个端点：（指定任意点）
指定边的第二个端点：1（设置边长长度为 1）

④ 单击“绘制”工具栏中的“正多边形”命令，绘制一个边长为 2 的三角形。

⑤ 单击“绘图”工具栏中的“圆”命令，绘制半径为 0.4 的圆。

⑥ 单击“修改”工具栏中的“移动”命令，完成钥匙按钮的绘制，如图 4-22 所示，并将其定义成图块。

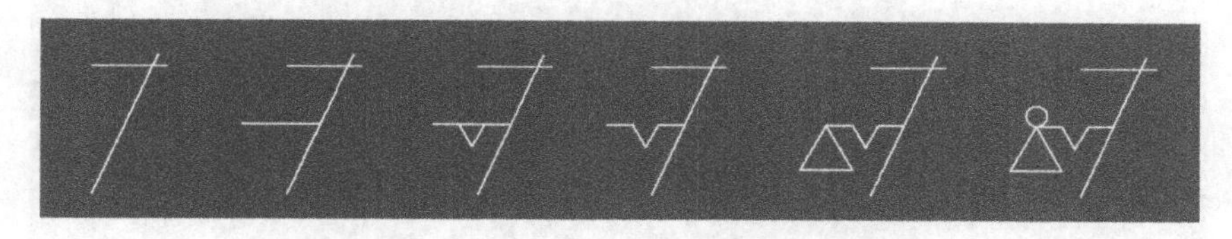

图 4-22 钥匙开关电气图形符号的绘制过程

5. 指示灯电气图形符号的绘制

① 单击“绘图”工具栏中的“圆”命令，绘制一个半径为 2.5 的圆。

② 单击“绘图”工具栏中的“直线”命令，开启“极轴”模式，绘制一条与水平方向成 45°、长度为 2.5 的斜线。

③ 单击“修改”工具栏中的“阵列”命令，弹出如图 4-23 所示的“阵列”对话框。选择“环形阵列”；单击“选择对

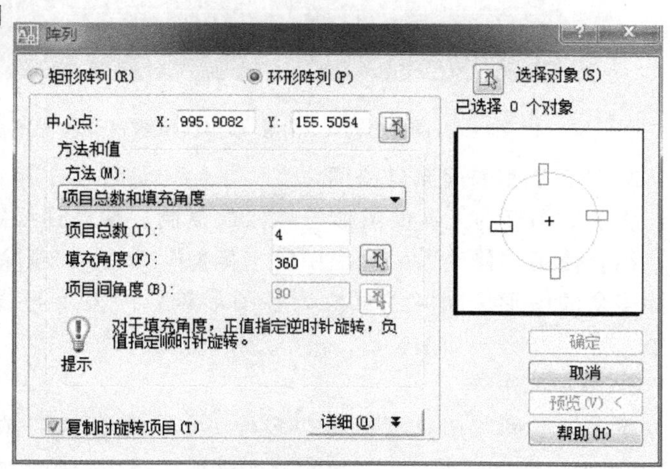

图 4-23 “阵列”对话框

象”按钮，选择斜线为阵列对象；单击“拾取中心点”按钮，捕捉圆心为中心点；在“方法”下拉列表中选择“项目总数和填充角度”选项；设置“项目总数”为4、“填充角度”为360°，单击“确定”按钮，指示灯符号绘制完成，如图4-24所示，并将其定义成图块。

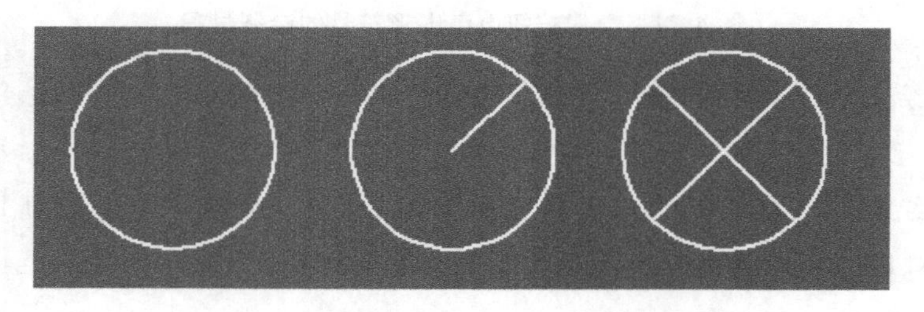

图4-24　指示灯电气图形符号的绘制过程

二、电气原理图的绘制

1. 线路结构图的绘制

同前面任务的方法，绘制完成CA6140型卧式车床电气控制电路的线路结构图，如图4-25所示。

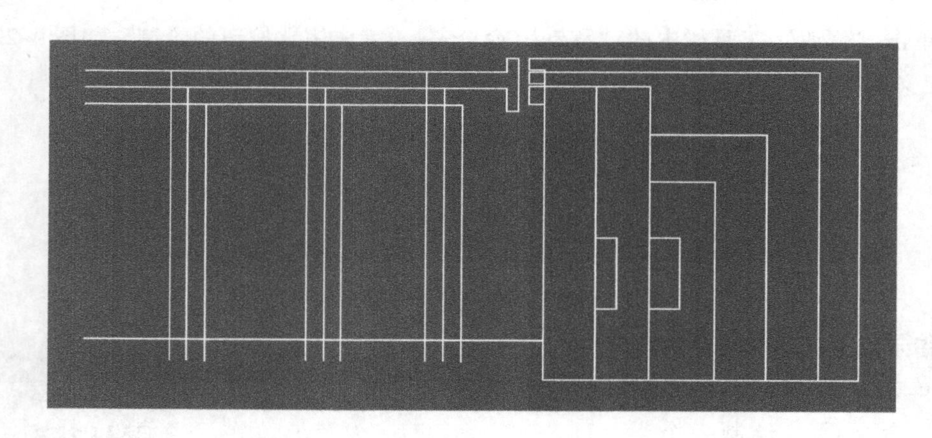

图4-25　CA6140型卧式车床电气控制电路的线路结构图

2. 插入图形符号到结构图

将前面画好的元器件图形符号依次复制、移动到线路结构图的相应位置上。插入过程中，结合使用“修改”工具栏中的“修剪”命令、“删除”命令以及“对象捕捉”命令等，删除多余的图形。同时注意协调各图形符号的大小与线路结构时，要根据实际需要进行调整。

3. 添加文字

单击“绘图”工具栏中的“多行文字”命令 A，或者选择菜单栏中的“绘图”→“文字”→“单行文字”命令，完成文字的添加。最后我们得到CA6140型卧式车床电气控制电路的电气原理图，如图4-26所示。

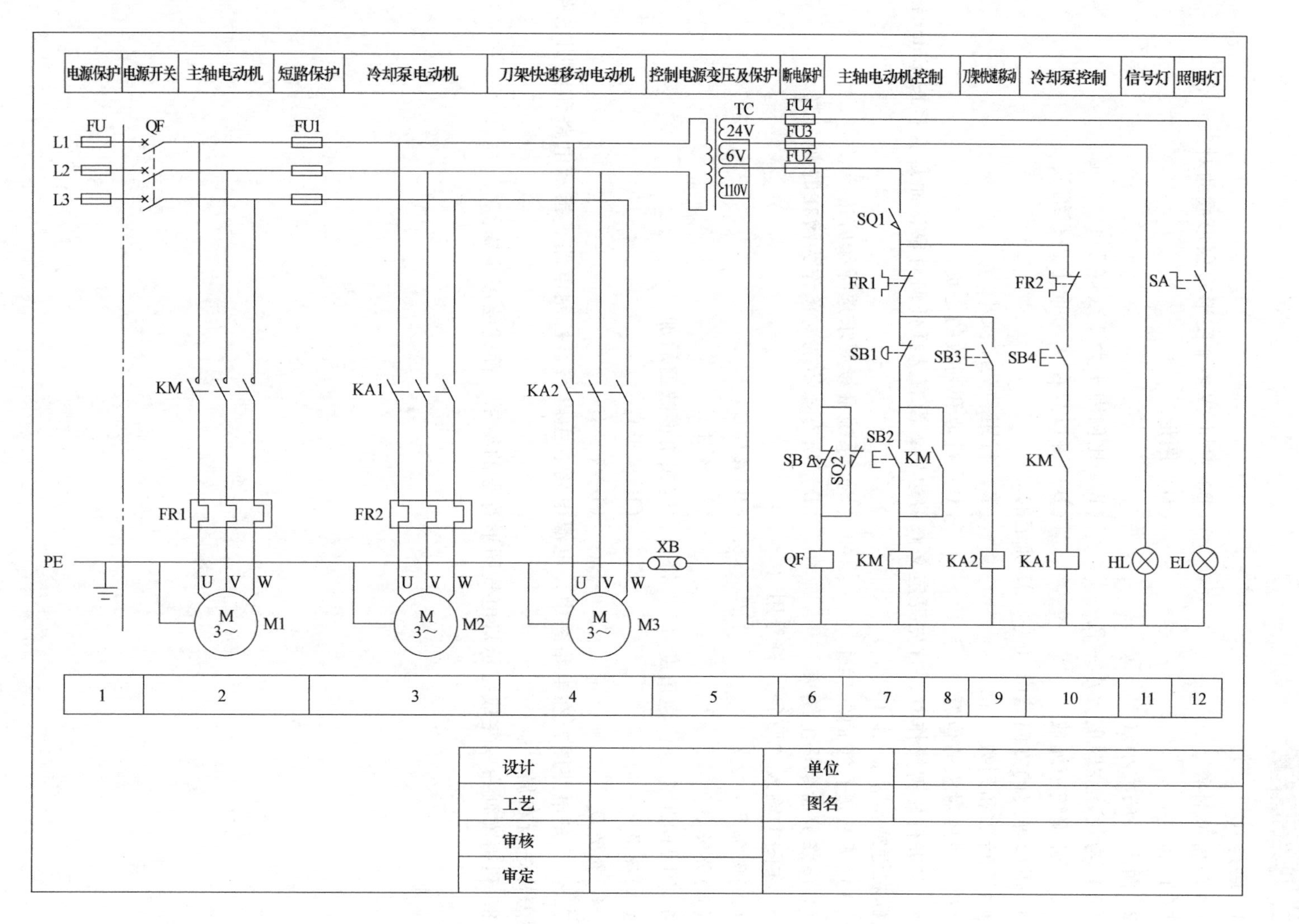

图 4-26　CA6140 型卧式车床电气控制电路电气原理图

习题集萃

1. 块是（　　）。

（A）简单对象　　（B）一个或多个图形对象形成的对象集合

（C）属性　　（D）图形

2. 插入块的大小（　　）。

（A）与块建立时的大小一致　　（B）比例因子大于或等于 1

（C）必须统一缩放　　（D）可以只在 X 方向上进行缩放

3. 矩形阵列的方向是由（　　）确定的。

（A）行数和列数　　（B）行距和列距大小

（C）图形对象的位置　　（D）行数和列数的正负

4. 在进行修剪操作时，首先要定义修剪边界，没有选择任何对象，而是直接按 Enter 键或鼠标右键或空格，则（　　）。

（A）无法进行下面的操作　　（B）系统继续要求选择修剪边界

（C）修剪命令马上结束　　（D）所有显示的对象作为潜在的剪切边

5. 在图中输入“直径”符号用（　　）。

（A）%%P　　（B）%%C

（C）%%D　　（D）%%U

6. 用 TEXT 命令标注角度（°）符号，应在角度数值后加（　　）。

（A）%%P　　（B）%%C

（C）%%D　　（D）%%U

7. 什么是电路图？在电路图中，电源电路、主电路、控制电路、指示电路和照明电路一般怎样进行布局？

8. 利用阵列命令完成指示灯电气图形符号的绘制，简述绘图步骤。

项目五　简单电子电路图的绘制

项目描述

Protel是20世纪80年代末出现的EDA软件，在电子行业的CAD软件中，它当之无愧地排在众多EDA软件的前面，是电子设计工程师的首选软件。

Protel DXP 2004是澳大利亚Altium公司于2004年推出的一款电子设计自动化软件。它的主要功能包括：原理图编辑、印制电路板设计、电路仿真分析、可编程逻辑器件的设计。用户使用最多的是该款软件的原理图编辑和印制电路板设计功能。

学习本项目的主要目的是了解和熟悉Protel DXP 2004软件，熟练此软件的基本操作，会利用此软件绘制一些简单的电子线路图。

注意：本项目中，因Protel DXP软件库中的电气元器件的符号是软件自带的，无法修改，故图中的元器件符号可能与现有的国家标准不符，读者在学习时仅作参考。

预备知识　Protel DXP 2004的基础知识

本章节主要通过具体的原理图和印制电路板实例来介绍Protel DXP 2004的功能。

建议课时

6课时。

一、系统界面

系统主界面如图5-1所示，包含主菜单、工具栏、任务选择区、任务管理栏等部分。

1. 主菜单

主菜单包含DXP、File、View、Favorites、Project、Window和Help共七个部分，分别如下：

1）DXP：主要实现对系统的设置管理及仿真。

2）File：实现对文件的管理。

3）View：显示管理菜单、工具栏等。

4）Favorites：收藏菜单。

5）Project：项目管理菜单。

6）Window：窗口布局管理菜单。

7）Help：帮助文件管理菜单。

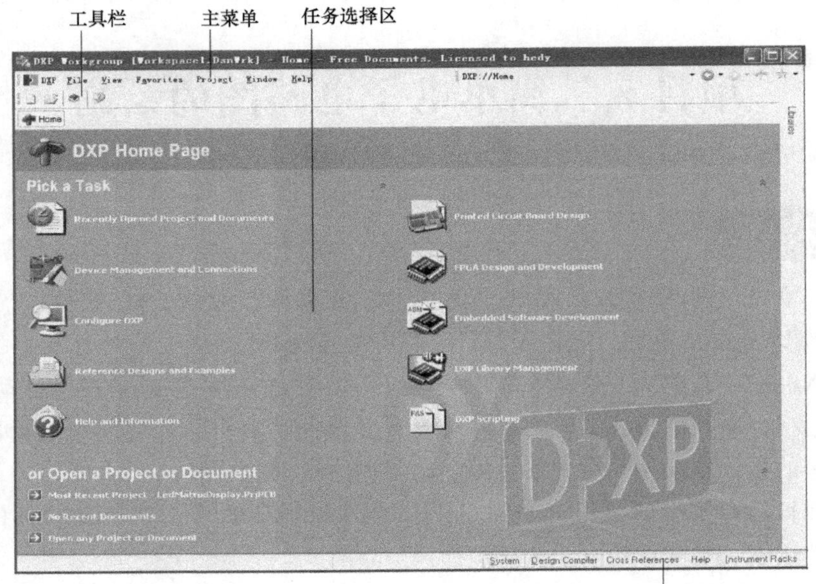

图 5-1 Protel DXP 主界面

2. 工具栏

工具栏是菜单的快捷键，如图 5-2 所示，主要用于快速打开或管理文件。

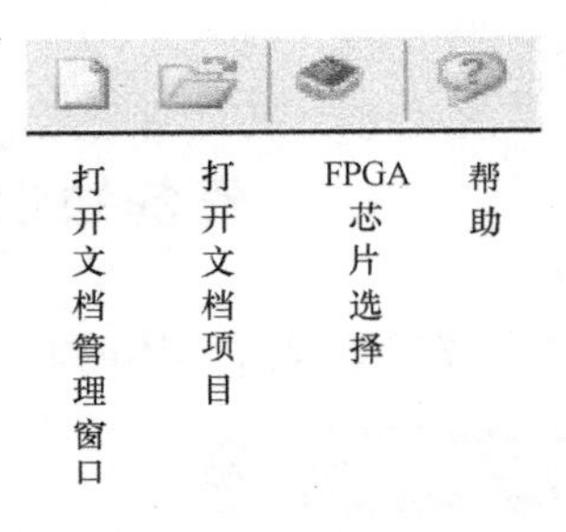

图 5-2 工具栏简介

3. 任务选择区

任务选择区包含多个图标，单击对应的图标便可启动相应的功能，任务选择区图标的功能如图 5-3 所示。

图标及功能		图标及功能	
Recently Opened Project and Documents	最近打开的项目和文件	Printed Circuit Board Design	新建电路设计项目
Device Management and Connections	器件管理	FPGA Design and Development	FPGA项目创建
Configure DXP	配置DXP软件	Embedded Software Development	打开嵌入式软件
Reference Designs and Examples	打开参考例程	DXP Scripting	打开DXP脚本
Help and Information	打开帮助索引	DXP Library Management	器件库管理

图 5-3 任务选择区图标的功能

4. PCB 项目的文档组织结构

Protel DXP 以工程项目为单位实现对项目文档的组织管理，通常一个项目包含多个文件，PCB 项目只是其中的一个项目类型，现以 PCB 项目为例，说明其文档类型，如图 5-4 所示。

二、原理图的绘制

1. 认识原理图

原理图用于表示电路的工作原理，通常由以下几个部分构成：

1）元器件的图形符号及相关标注（元器件的编号、元器件的型号、元器件的参数），如图 5-5 所示。

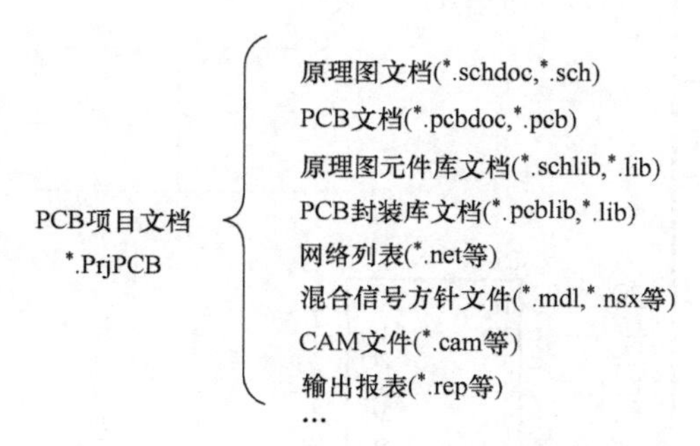

图 5-4　PCB 项目的文档组织结构

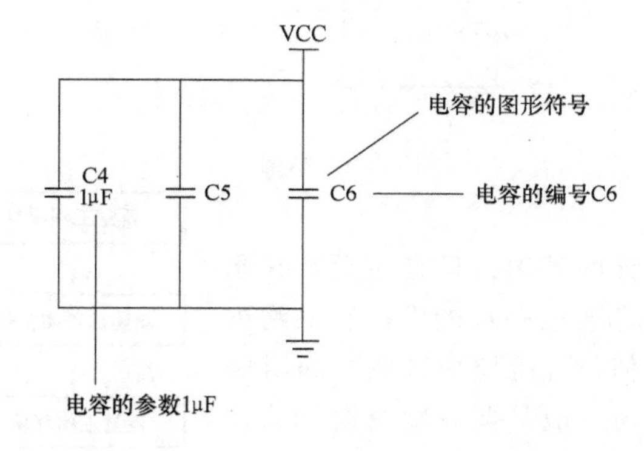

图 5-5　示例

2）连接关系。原理图中的连接关系通常用导线、网络标号、总线等表示，如图 5-6 所示。图中有的元器件之间是用导线相连的，如电容 C1、C2、C3 之间；有的元器件之间是用网络标号相连接的，具有相同名称的网络标号表示是等电位的，如元器件 U3 的引脚 2 的网络标号是 PC0，而元器件 U4 的引脚 3 的网络标号也是 PC0，则表示这两个引脚是等电位；当连接的导线数量很多时，可以用总线来表示连接，总线就是多根导线的汇合，如元器件 U3 的引脚 2、5、6、9、12、15、16、19 和元器件 U4 的 3、4、7、8、13、14、17、18 对应相连接，则可以用总线来连接。

3）用于说明电路工作原理的文字标注和图形符号（文字、信号波形示意等）。文字标注和图形符号只是为了方便看图者理解，本身不具有电气效果。系统在对原理图进行电气规则检查时，会检查具有电气效应的元器件、导线、总线、网络标号等，而不会检查不具有电气效应的文字标注和波形示意等。

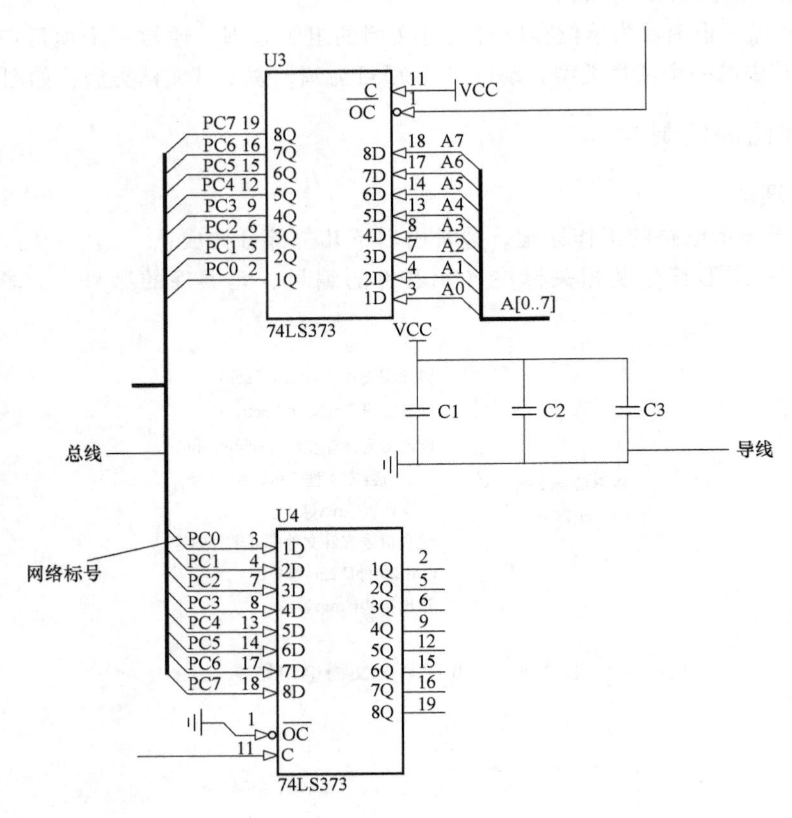

图 5-6 示例

2. 原理图的绘制流程

原理图设计是电路设计的基础，只有在设计好原理图的基础上才可以进行印制电路板的设计和电路仿真等。本章详细介绍了如何设计电路原理图、编辑修改原理图。通过本章的学习，应掌握原理图设计的过程和技巧。电路原理图的设计流程如图 5-7 所示，包含 8 个具体的设计步骤。

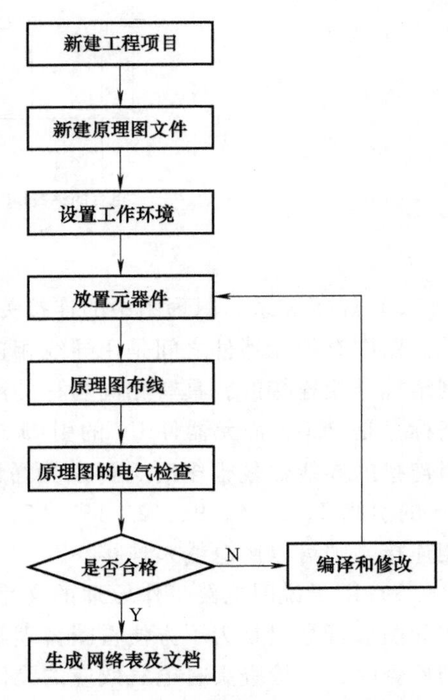

图 5-7 电路原理图的设计流程

1）新建工程项目。新建一个 PCB 工程项目，PCB 设计中的文件都包含在该项目下。

2）新建原理图文件。在进入 SCH 设计系统之前，首先要构思好原理图，即必须知道所设计的项目需要哪些电路来完成，然后用 Protel DXP 来画出电路原理图。

3）设置工作环境。根据实际电路的复杂程度来设置图纸的大小。在电路设计的整个过程中，图纸的大小都可以不断地调整，设置合适的图纸大小是完成原理图设计的第一步。

4）放置元器件。从元件库中选取元器件，布置到图纸的合适位置，并对元器件的名称、封装进行定义和设定，根据组件之间的走线等，联系对元器件在工作平面上的位置进行调整和修改，使得原理图美观而且易懂。

5）原理图布线。根据实际电路的需要，利用 SCH 提供的各种工具、指令进行布线，将工作平面上的器件用具有电气意义的导线、符号连接起来，构成一幅完整的电路原理图。

6）原理图的电气检查。当完成原理图布线后，需要设置项目选项来编译当前项目，利用 Protel DXP 提供的错误检查报告修改原理图。

7）编译和修改。如果原理图已通过电气检查，就可以生成网络表，完成原理图的设计了。对于一般电路设计而言，尤其是较大的项目，通常需要对电路进行多次修改才能够通过电气检查。

8）生成网络表及文件。完成上面的步骤以后，就可以看到一张完整的电路原理图了，但是要完成电路板的设计，就需要生成一个网络表文件。网络表是电路板和电路原理图之间的重要纽带。Protel DXP 提供了利用各种报表工具生成的报表（如网络表、组件清单等），同时可以对设计好的原理图和各种报表进行存盘和输出打印，为印制电路板的设计做好准备。

三、工程项目的建立

在 Protel DXP 中，一个项目包括所有文件夹的连接和所有与设计有关的设置。一个项目文件，例如 xxx. PrjPCB，是一个 ASCII 文本文件，用于列出在项目里有哪些文件以及有关输出的配置，例如打印和输出 CAM。那些与项目没有关联的文件称作“自由文件”（free documents）。与原理图和目标输出的连接，例如 PCB、FPGA、VHDL 或封装库，将添加到项目中。一旦项目被编辑，设计验证、同步和对比就会产生。

下面通过一个由多谐振荡器组成的电子彩灯电路原理图的绘制及 PCB 设计的例子，学习 Protel DXP 软件的使用。该电路如图 5-8 所示。

建立一个新项目的步骤对各种类型的项目都是相同的。这里以 PCB 项目为例，首先要创建一个项目文件，然后创建一个空的原理图图纸以添加到新的项目中。

1）创建一个新的 PCB 项目工程文件。

在设计窗口的 Pick a Task 区中单击 Printed Circuit Board Design。弹出如图 5-9 所示的界面，单击 New Blank PCB Project 即可（另外，可以在 Files 面板中的 New 区单击 Blank Project (PCB)。如果这个面板未显示，选择“File”→“New”，或单击设计管理面板底部的 Files 标签）。

之后，在 Projects 面板出现新的项目文件 PCB_Project1. PrjPCB，与“No Documents Added”文件夹一起列出，如图 5-10 所示。

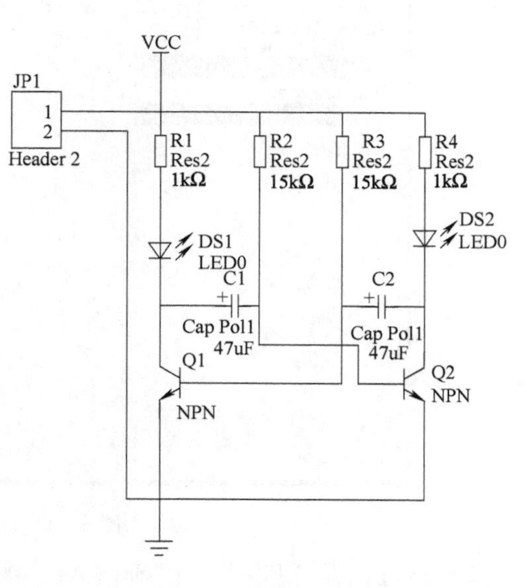

图 5-8　电子彩灯原理图

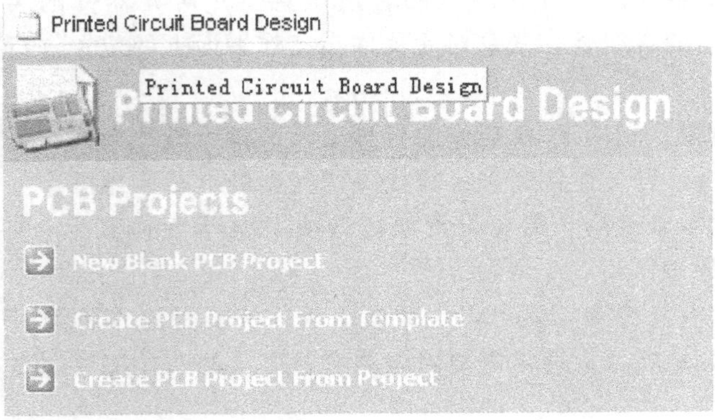

图 5-9　PCB 项目创建界面

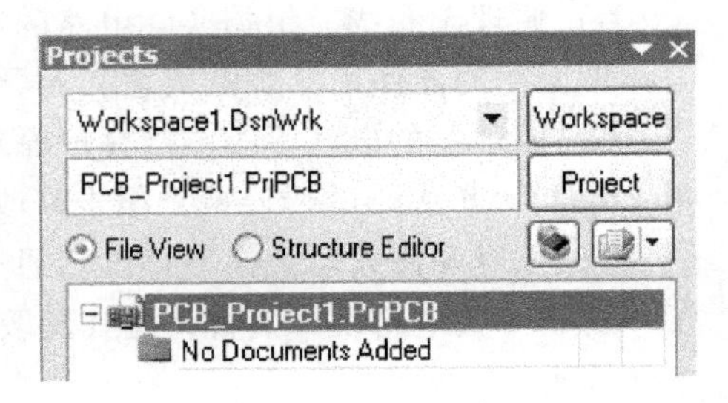

图 5-10　新的工程项目文件

2）通过选择“File”→“Save Project As”将新项目重命名（扩展名为 *.PrjPCB）。指定把这个项目保存在硬盘上的位置，在文件名栏里键入文件名 zdqPCB.PrjPCB 并单击 Save。

四、原理图文件的创建

1）在 Files 面板选择“File”→“New”并单击 Schematic Sheet。

如图 5-11 所示，一个名为 Sheet1.SchDoc 的原理图图纸出现在设计窗口中，并且原理图文件自动地添加到项目。

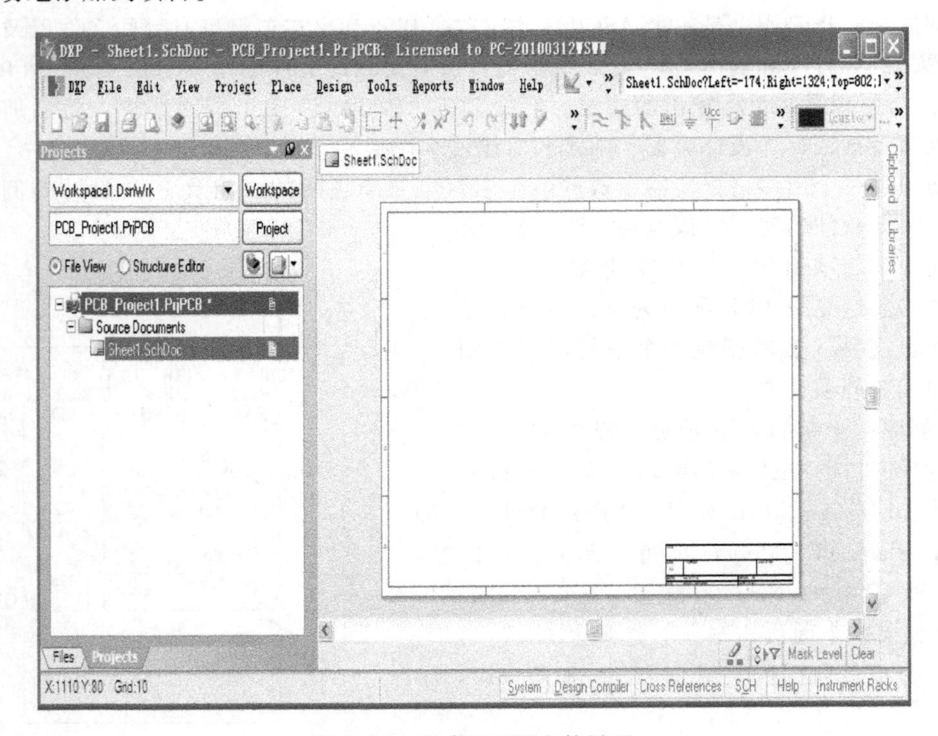

图 5-11　新建原理图文件界面

2）通过选择“File”→“Save As”将新原理图文件重命名（扩展名为 *.SchDoc）。指定把这个原理图保存在硬盘中的位置，在文件名栏键入 zdq.SchDoc，并单击 Save。

现在可以自定义工作区。例如，可以重新放置浮动的工具栏；单击并拖动工具栏的标题区，然后移动鼠标重新定位工具栏；改变工具栏，可以将其移动到主窗口区的左边、右边、上边或下边。

3）项目文件的添加及删除。

① 将原理图图纸添加到项目中。如果要把一个现有的原理图文件 sheet2. SCHDOC 添加到现有的 zdqPCB_ Project2 项目文件中，可在 Projects 项目管理栏中，选中 zdqPCB_ Project2 项目，单击右键，如图 5-12a 所示在弹出的对话框中选 Add Existing to Project。找到 sheet2 所在位置，选中该文件，单击 OK，如图 5-12b 所示，sheet2 就添加到项目中来了。

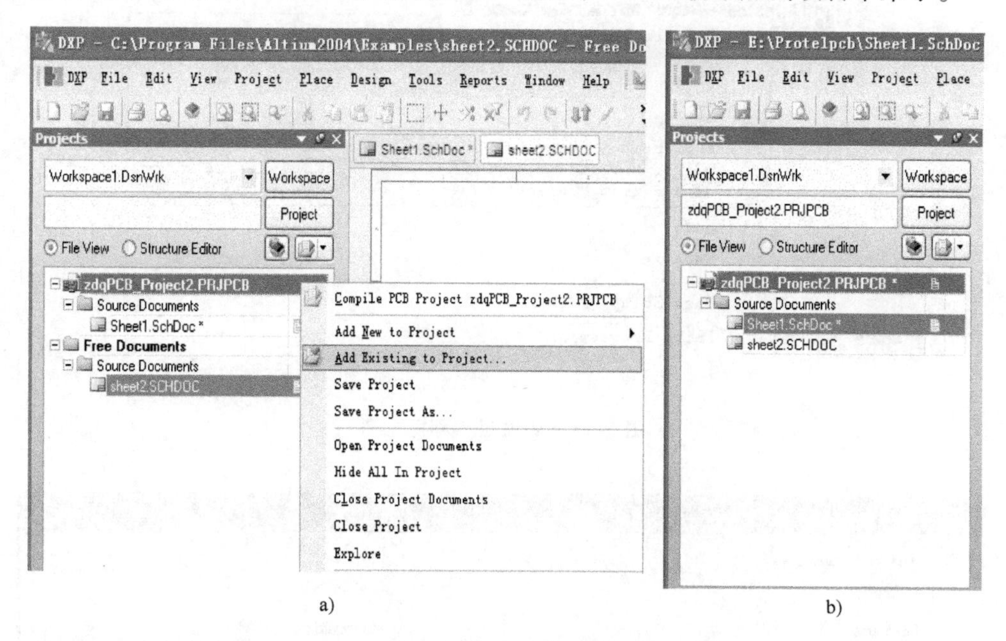

图 5-12　添加已有文件到项目中

② 文件的移除。如果想从项目中去除文件，用右键单击要删除的文件，弹出如图 5-13 所示的菜单。在菜单中选择"Remove from Project"选项，并在弹出的"确认删除"对话框中单击"Yes"按钮，即可将此文件从当前项目中删除。

五、原理图图纸的设置

在开始绘制电路图之前首先要做的是设置正确的文件选项。从菜单选择"Design"→"Document Options"命令，文件选项对话框打开，弹出"图纸属性设置"对话框，如图 5-14所示。

1）设置原理图文档的纸张大小，在 Sheet Options 选项卡，找到 Standard Style 栏。单击输入框旁的箭头将看见一个图纸样式的列表。在此将图纸大小（Sheet Size）设置为标准 A4 格式，使用滚动栏滚动到 A4 样式并单击选择。单击 OK 按钮关闭对话框，更新图纸大小。

2）在 Grids 栏设置图纸网格是否可见，Visible 打勾为可见，每一格的大小设置为 10。鼠标步进网格 Snap 前打勾，一般将可见网格大小和鼠标步进网格大小设为相等。此处，格

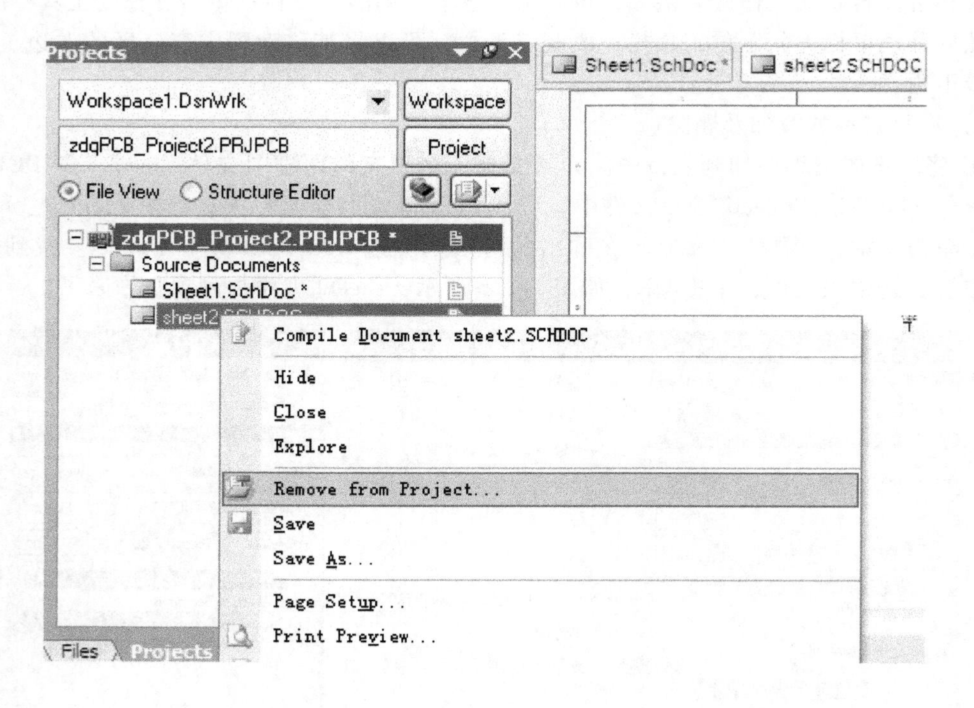

图 5-13　从项目中移除文件

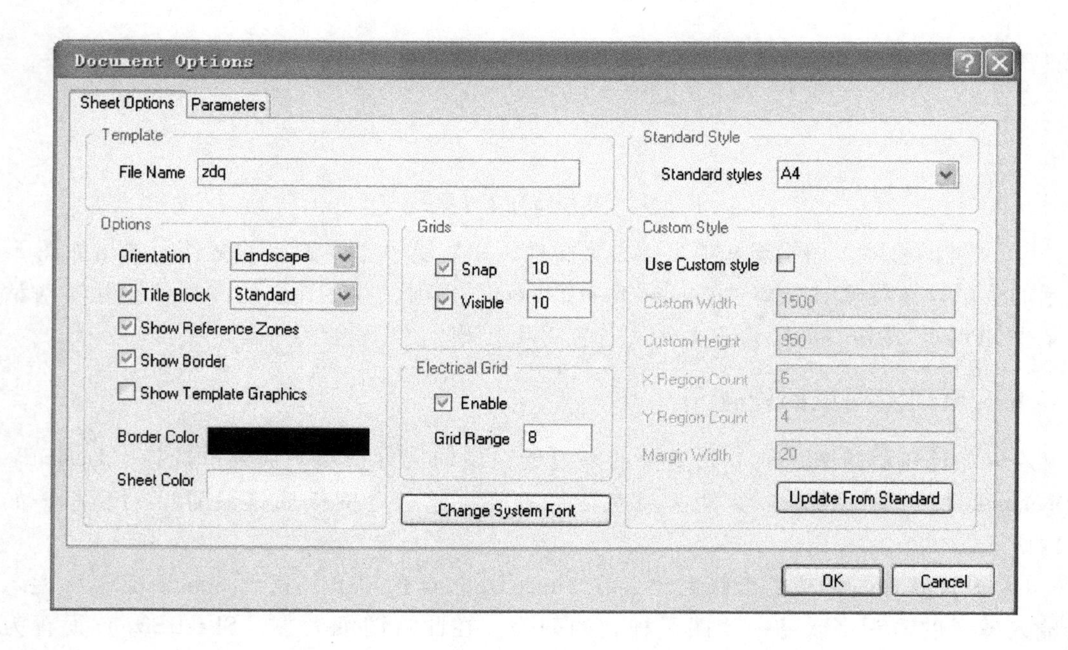

图 5-14　“图纸属性设置”对话框

大小的单位为英制 mil。

为将文件全部显示在可视区，选择“View”→“Fit Document”。

六、放置元器件

1. 定位元器件和加载元件库

Protel DXP 中有数以千计的原理图符号。尽管完成例子所需要的元器件已经在默认的安装库中，但掌握通过库搜索来找到元器件的方法还是很重要的。我们通过以下步骤来定位并添加本教程电路所要用到的库。

1）首先要查找晶体管，两个均为 NPN 型晶体管。单击主界面右侧的 Libraries 选项卡，显示元件库窗口，如图 5-15 所示。

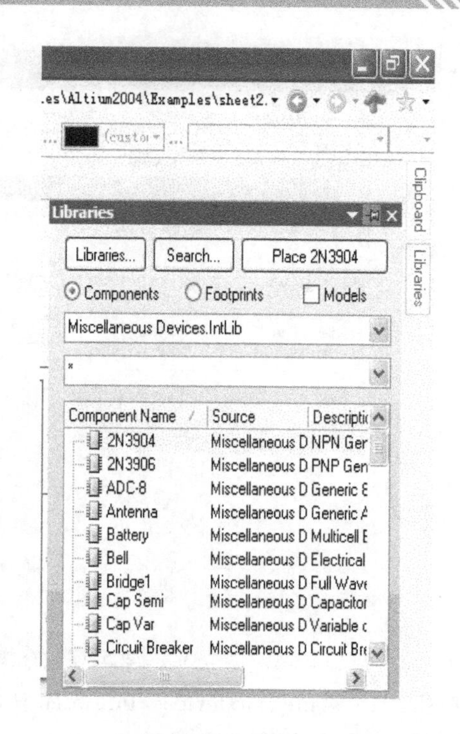

图 5-15　元件库窗口

2）在库面板中单击 Search 按钮，或选择“Tools”→“Find Component”，将打开“查找库”对话框，如图 5-16 所示。

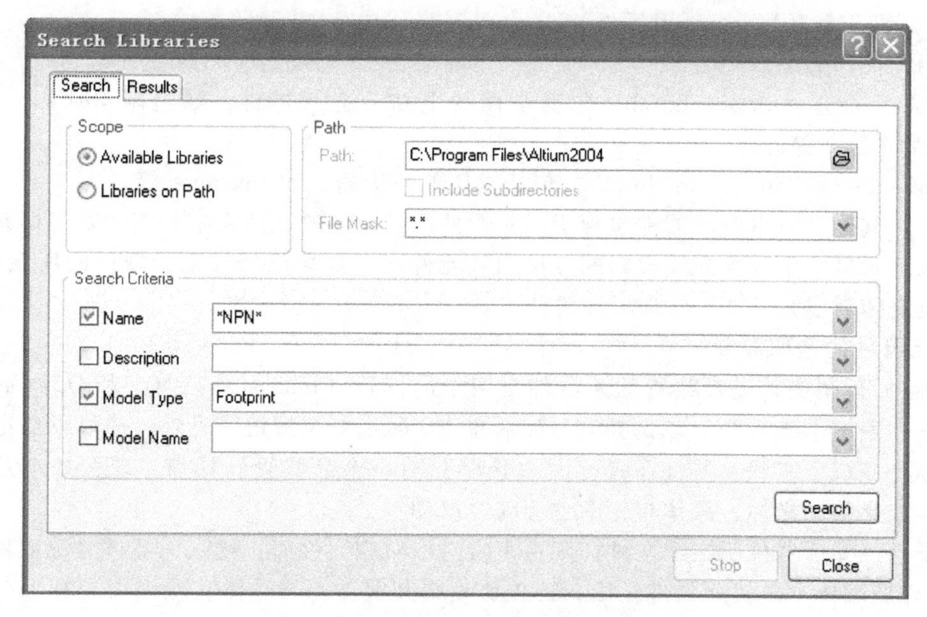

图 5-16　“查找库”对话框

3）确认 Scope 被设置为 Libraries on Path，并且 Path 区含有指向库的正确路径 C：\ Program Files \ Altium2004 \ Library \ 。确认 Include Subdirectories 未被选择（未被勾选）。

4）想要查找所有与 NPN 有关的元器件，可在 Search Criteria 单元的 Name 文本框内键入“＊NPN＊”。单击 Search 按钮开始查找。当查找进行时 Results 选项卡中将显示查找结果。如果输入的规则正确，一个元器件将被找到并显示在“查找库”对话框中，如图 5-17 所示。

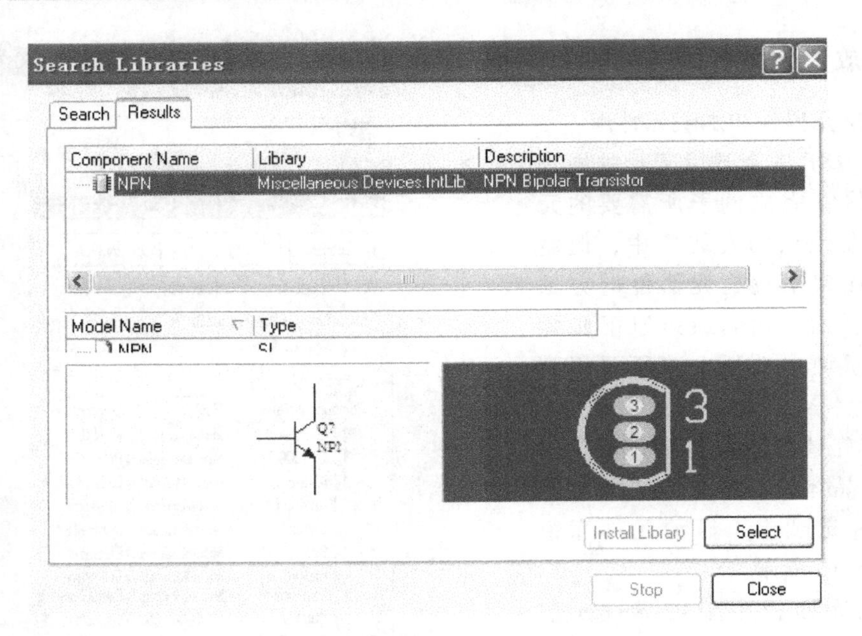

图 5-17　查找 NPN 的结果

5）单击 Miscellaneous Devices. IntLib 库以选择它（如果该库不在项目中，则单击 Install Library 按钮使这个库在你的原理图中可用）。

6）关闭 Search Libraries 对话框。

常用元件库如下：

“Miscellaneous Devices. IntLib”包括常用的电路分立元器件，如电阻 Res *、电感 Induct、电容 Cap * 等。

“Miscellaneous Connectors. IntLib”包括常用的连接器，如 Header * 等。

另外，其他集成电路元器件包含于以元器件厂家命名的元件库中，因此要根据元器件性质、厂家到对应库中寻找或用搜索的方法加载元件库（如果已经知道元器件的所在库文件，则可直接安装对应元件库，选取元器件）。

2. 元器件的选取放置

1）在原理图中首先要放置的元器件是两个晶体管（transistors），Q1 和 Q2。如图 5-18 所示，在列表中单击 NPN，以选择它，然后单击 Place NPN 按钮。另外，还可以双击元器件名。光标将变成十字状，并且在光标上“悬浮”着一个晶体管的轮廓。现在处于元器件放置状态。如果移动光标，晶体管轮廓也会随之移动。

如果已经知道器件所在库文件，则可直接选取对应元件库，输入元器件名选取器件。

2）在原理图上放置元器件之后，首先要编辑其属性。当晶体管悬浮在光标上时，单击鼠标右键弹出菜单，如图 5-19 所示，单击 Properties，弹出 Component Properties 对话框，如图 5-20 所示。也可以单击鼠标不放，选中此元器件，按 Tab 键弹出此对话框。现在设置器件的属性，在 Designator 栏中键入 Q1 作为元器件序号。

检查元器件的 PCB 封装。在本实例中由于使用了集成库（“Miscellaneous Devices. IntLib”），该库已经包括了封装和电路仿真的模型。晶体管的封装在模型列表中已自动含有，模型名为 BCY-W3/E4、类型为 Footprint。保留其余栏为默认值。如果没有封装

则需要自制封装。

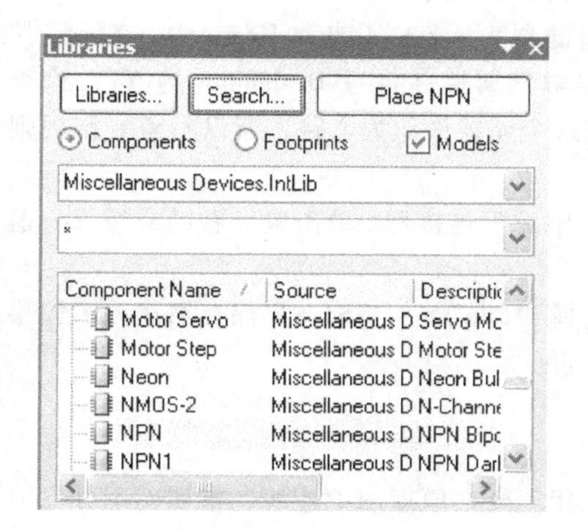

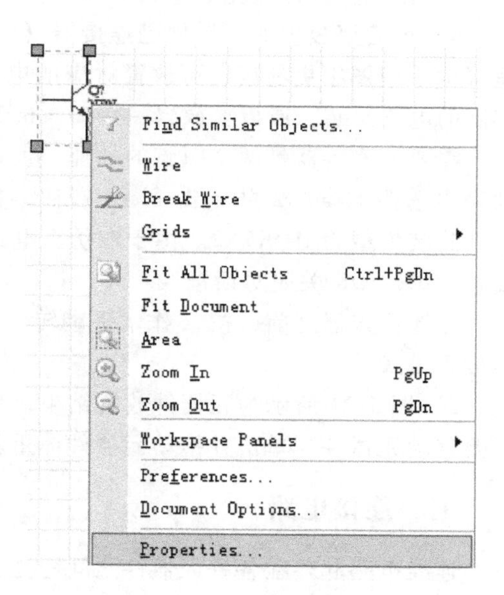

图 5-18　元件库窗口

图 5-19　右键菜单项

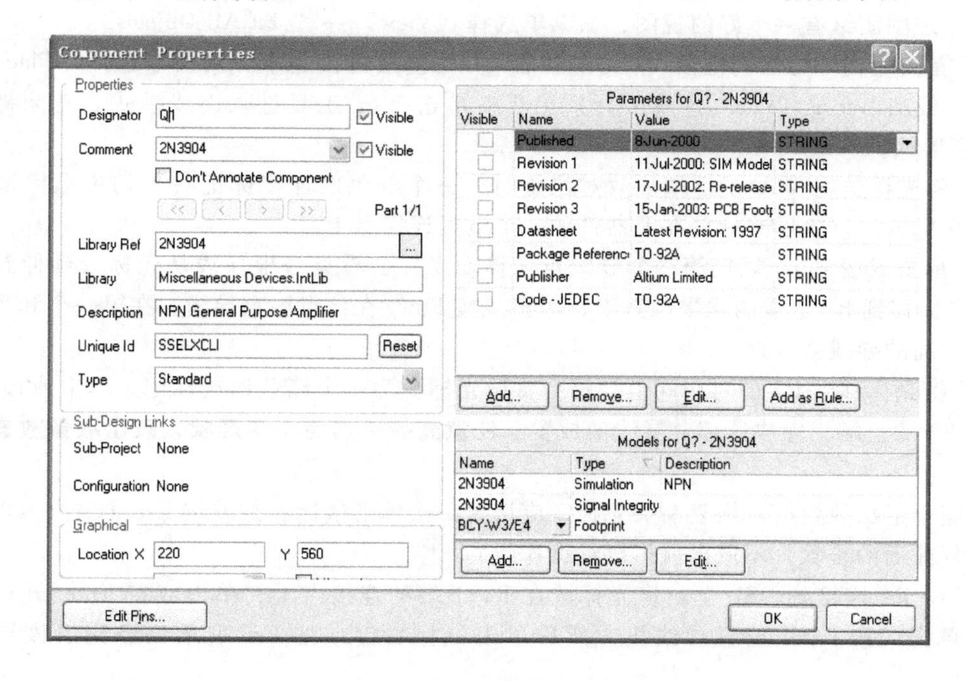

图 5-20　“元器件属性”对话框

3）放置第二个晶体管。这个晶体管同前一个相同，因此在放之前没必要再编辑它的属性。放置的第二个晶体管标记为 Q2。

通过观察原理图，发现 Q2 与 Q1 是镜像的。要将悬浮在光标上的晶体管翻过来，按 X 键，这样可以使元器件水平翻转。同样，若要将元器件上下翻转，按 Y 键；按 Space（空格）键可实现每次 90°逆时针旋转。

4）以同样的操作完成电阻（Res2）、电容（Cap Pol1）、LED（LED0）的放置。

5）最后要放置的元器件是连接器（Connector），它在 Miscellaneous Connectors. IntLib 库里（为了使图纸更易读，可放置对应的电源、地符号，这两个器件仅代表电气符号，没有实际的电路封装，所以要放置一个 Header2 产生实际的电气连接）。

需要的连接器是两个引脚的插座，所以设置过滤器为 *2*（或者 Header）。在元器件列表中选择 Header2 并单击 Place 按钮。按 Tab 编辑其属性并设置 Designator 为 Y1，检查 PCB 封装模型为 HDR1X2。由于在仿真电路时将把这个元器件作为电路，所以不需要作规则设置。单击 OK 关闭对话框。

放置连接器之前，按 X 作水平翻转。在原理图中放下连接器。单击鼠标右键或按 Esc 退出放置模式。

6）图 5-21 所示为元器件放置结果，从菜单选择“File”→“Save”保存原理图。如果需要移动元器件，单击并拖动元器件体重新放置即可。

七、连接电路

连线电路起着在各种元器件之间建立连接的作用。要在原理图中连线，参照图示并完成以下步骤：

使原理图图纸有一个好的视图，从菜单选择“View”→“Fit All Objects”。

1）首先用以下方法将电阻 R1 与晶体管 Q1 的基极连接起来。从菜单选择“Place”→“Wire”或从 Wiring Tools（连线工具）工具栏单击 Wire 工具进入连线模式。光标将变为“十”字形状。

2）将光标放在 VCC 的下端。放对位置时，一个红色的连接标记（大的星形标记）会出现在光标处。这表示光标处在元器件的一个电气连接点上。

3）单击或按 Enter 固定第一个导线点。移动光标会看见一根导线从光标处延伸到固定点。将光标移到 R1 上端的水平位置上，单击或按 Enter 在该点固定导线。在第一个和第二个固定点之间的导线就放好了。

4）将光标移到 R2 的对应端上，仍会看见光标变为一个红色连接标记。单击或按 Enter 连接到 R2 的上端。完成这部分导线的放置。**注意光标仍然为十字形状，表示准备放置其他导线。**

要完全退出放置模式恢复箭头光标，应该再一次单击鼠标右键或按 Esc（退出后再连线则要重复前面的步骤，不退出就可以继续连线）。

5）将 R1 连接到 DS1 上。将光标放在 R1 下端的连接点上，单击或按 Enter 开始新的连线。单击或按 Enter 放置导线段，然后单击鼠标右键或按 Esc 表示已经完成该导线的放置。

参照图 5-22 连接电路中的剩余部分，绘制结果如图 5-23a 所示，在完成所有的导线之后，单击鼠标右健或按 Esc 退出放置模式，光标恢复为箭头形状。

6）网络与网络标签。

彼此连接在一起的一组元器件引脚称为网络（net）。例如，一个网络包括 Q1 的基极、R3 的一个引脚和 C2 的一个引脚。在设计中添加网络是很容易的，只需添加网络标签（net labels）即可。

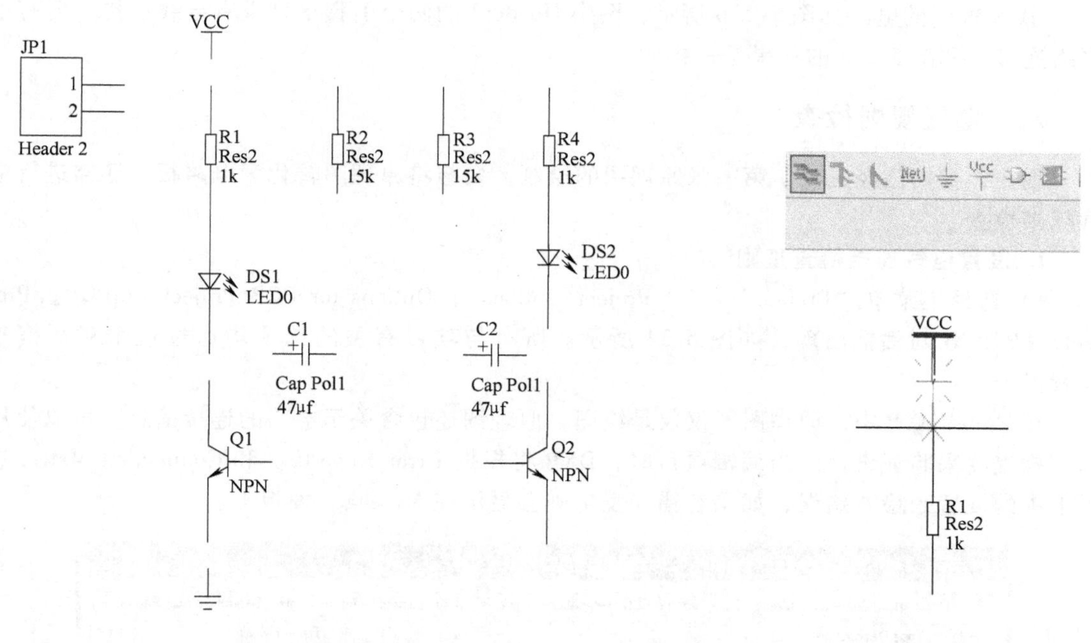

图 5-21 元器件放置结果 图 5-22 连线示意图

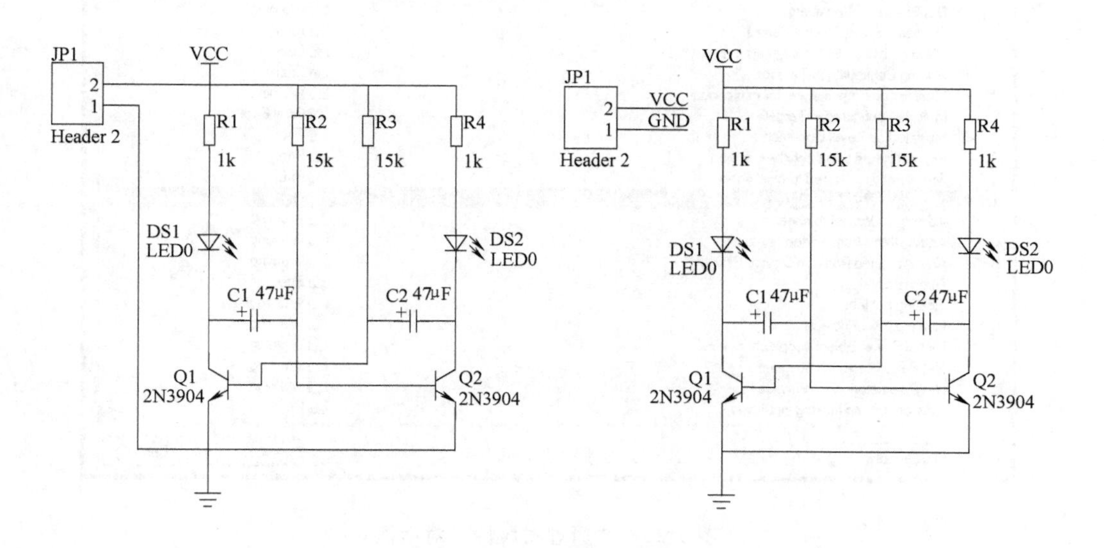

图 5-23 绘制完成的原理图

在 Header 的两个引脚上放置网络标签步骤如下：

① 选主菜单“Place”→“Net Label”，一个虚线框将悬浮在光标上，放在 Header2 的 2 脚上。

② 单击显示 Net Label（网络标签）对话框。在 Net 栏键入 VCC，然后单击 OK 关闭对话框。

③ 同样将一个 Net Label 放在 Header2 的 1 脚上，单击显示 Net Label（网络标签）对话框，在 Net 栏键入 GND，单击 OK 关闭对话框并放置网络标签。

④ 放置好的电路如图 5-23b 所示，图中 Header2 的两个引脚尽管没有导线连接，但有了网络连接，和图 5-23a 的效果是一样的。

八、电气规则检查

现在，我们已经完成了第一张原理图的绘制。要想将原理图转化为电路板，还需进行电气规则检查。

1. 设置电气连接检查规则

1）选择主菜单“Project”→“Project Options”，Options for PCB Project zdqPCB_ Project2. PRJPCB 对话框出现，如图 5-24 所示。所有与项目有关的选项均通过这个对话框来设置。

在 Protel DXP 中，原理图不仅仅是绘图，原理图还包含关于电路的连接信息。可以使用连接检查器来验证设计。当编辑项目时，DXP 将根据 Error Reporting 和 Connection Matrix 选项卡中的设置来检查错误，如果有错误发生则会显示在 Messages 面板上。

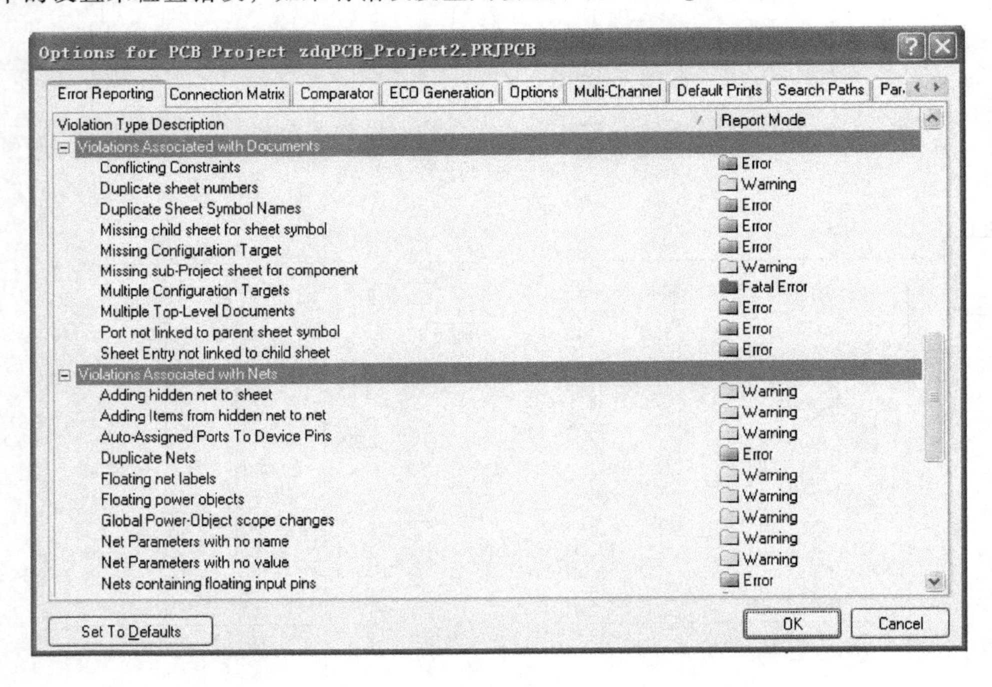

图 5-24 “原理图属性”对话框

2）设置错误报告。图 5-24 所示对话框中的 Error Reporting 选项卡用于设置设计草图检查。报告模式（Report Mode）表明违反规则的严重程度。如果要修改 Report Mode，单击你要修改的违反规则旁的 Report Mode，并从下拉列表中选择严格程度，一般使用默认设置。

3）设置连接矩阵。“连接矩阵”选项卡显示的是错误类型的严格性，如图 5-25 所示，这将在设计中运行“错误报告”以检查电气连接的正确性，如引脚间的连接、元器件和图纸输入。这个矩阵给出了一个在原理图中不同类型的连接点以及是否被允许的图表描述。

例如，在矩阵图的右边找到 Output Pin，从这一行找到 Open Collector Pin 列。在它的相交处是一个橙色的方块，它表示在原理图中从一个 Output Pin 连接到一个 Open Collector Pin

的颜色将在项目被编辑时启动一个错误条件。可以用不同的颜色来设置不同的错误程度，例如红色表示 Fatal Error，绿色表示未出现错误或警告信息。

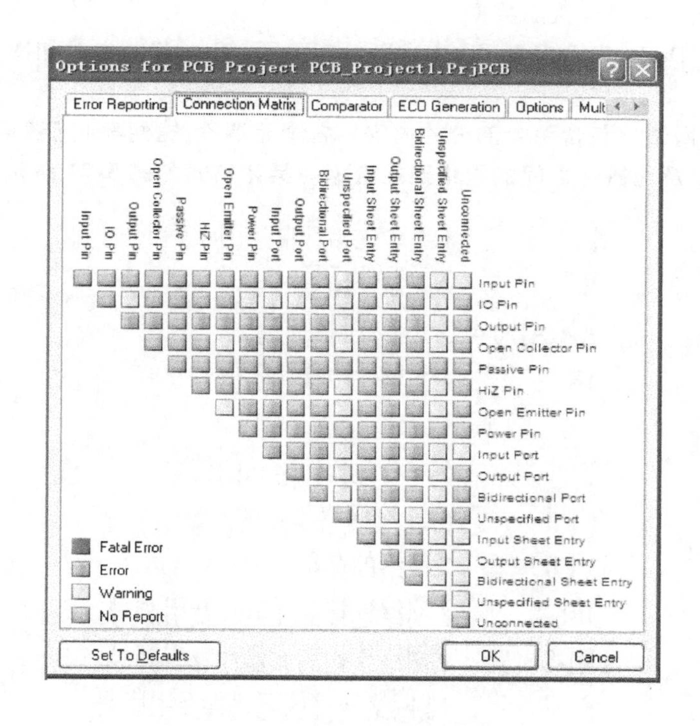

图 5-25　“连接矩阵”选项卡

2. 生成检查结果

当在图 5-24 所示对话框中对 Error Reporting 和 Connection Matrix 选项卡中的规则进行设置之后，就可以对原理图进行检查了，检查是通过编译项目实现的。

打开需要编译的项目，选择“Project”→“Compile PCB Project”。

当项目被编译时，任何已经启动的错误均将显示在设计窗口下部的 Messages 面板中。如果电路绘制正确，Messages 面板应该是空白的。如果报告给出错误，则检查、修改电路使所有的导线和连接是正确的。

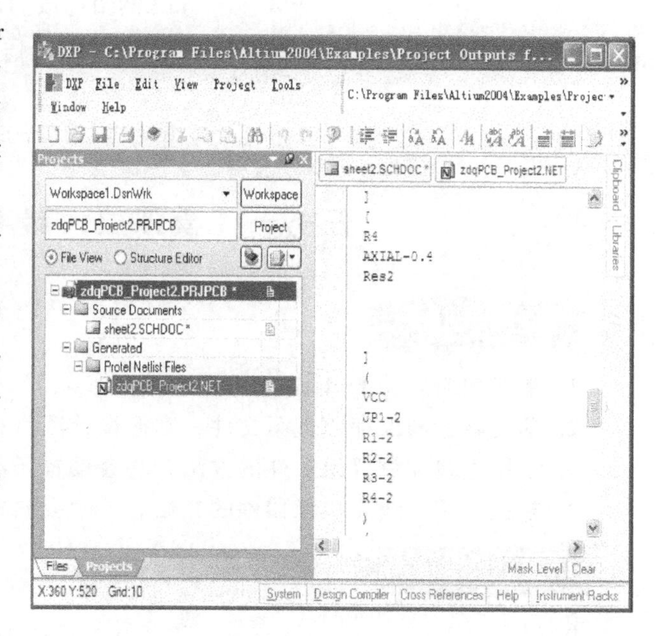

图 5-26　网络表信息

九、生成 PCB 网络表

在原理图生成的各种报表中，以网络表（Netlist）最为重要，绘制原理图最主要的目的就是将原理图转化为一个网络表，以供后续工作中使用。

网络表的主要内容为原理图中各个元器件的数据（元器件标号、元器件信息、封装信息）以及元器件之间网络连接的数据。

单击主菜单“Design”→“Netlist For Project”→“Protel”，生成如图 5-26 所示的网络表文件。

说明：Protel 网络表包含两个部分的内容：各个元器件的数据（元器件标号、元器件信息、封装信息）以及元器件之间的网络连接数据。具体格式如图 5-27 所示。

[	1.一个元器件信息的开始
R4	2.元器件标号
AXIAL-0.4	3.元器件封装信息
1K	4.元器件注释（阻值）
]	5.一个元器件信息的结束
(	6. 一个网络信息的开始
VCC	7.网络的名称
JP1-2	8.网络连接的元器件及引脚号
R1-2	9.网络连接的元器件及引脚号
R2-2	10.网络连接的元器件及引脚号
R3-2	11.网络连接的元器件及引脚号
R4-2	12.网络连接的元器件及引脚号
)	13. 一个网络信息的结束

图 5-27　网络表说明

任务一　模拟放大器电路图的绘制

学习目标

1. 掌握如何启动 Protel DXP 2004。
2. 学会新建和保存原理图文件，掌握设计项目和文件的关系。
3. 掌握查找和放置元器件的方法，并会设置元器件属性。
4. 掌握使用导线连接元器件的方法，并学会放置电源符号。

建议课时

6 课时。

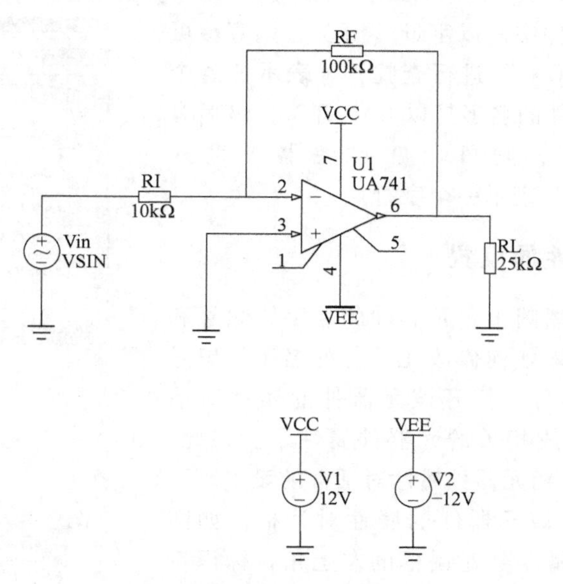

图 5-28　模拟放大器电路

任务描述

本任务通过一个简单的模拟放大器电路的绘制来熟练 Protel DXP 2004 的使用。模拟放大器电路如图 5-28 所示。

解决在 Protel DXP 2004 中如何新建和保存原理图文件；如果需要绘制多张相互关联的原理图，这些原理图文件在 Protel DXP 2004 中是如何组织的；原理图中的元器件如何放置等这些作为初学者常感到迷茫的问题。

知识链接

一、Protel DXP 2004 的汉化

Protel DXP 2004 支持中文语言的界面菜单显示，但是在汉化之前应该先安装 Protel DXP 2004 的升级补丁 Service Packet 2（SP2）。该补丁可以从网络中搜索并下载。

安装了 SP2 后，打开 Protel DXP 2004，单击界面左上角的 DXP 系统配置菜单，选择弹出的 Preferences 选项。

在弹出的系统属性对话框中，选择 General 项，然后选中右下角的 Use Localized（resource）复选框，在分别选中 Display Localized dialogs 单选按钮和 Localized Menus 复选框。

选择完毕，单击 Apply 和 OK 按钮即可。当下次启动 Protel 时，就会看到菜单和对话框大都进行了汉化。

二、过滤器的使用

如果当前元件库中的元器件非常多，一个个浏览查找比较困难，那么可以使用过滤器快速定位需要的元器件。例如需要查找电容，那么就可以在过滤器中输入 CAP，名为 CAP 的电容将呈现在元器件列表中，如图 5-29 所示。

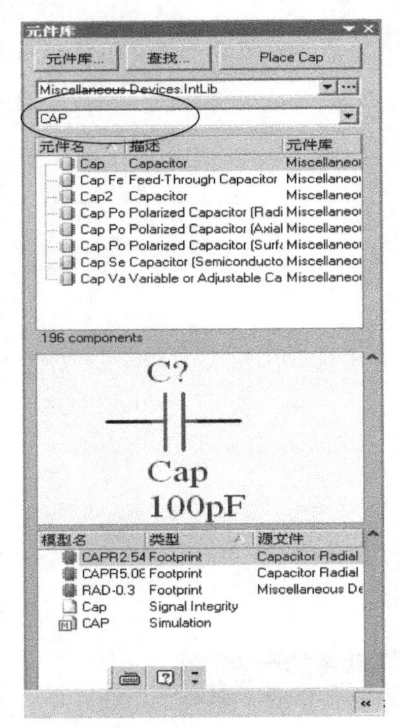

图 5-29　过滤器的使用

如果只记得元器件中是以字母 C 开头，则直接可以在过滤器中键入“C *”进行查找，* 表示任意个字符。如果记得元器件的名字是以 CAP 开头，最后有一个字母不记得了，则可以在过滤器中键入“CAP?”，通配符“?”表示一个字符。

三、元器件属性的设置

在已经完成的原理图中，元器件的名字、编号和要求的不一致。那么该如何修改元器件的名字、编号等属性呢？双击元器件，打开该元器件的属性对话框，就可以在其中修改相关的元器件属性了。在此，以电阻 Res3 为例，介绍元器件属性对话框的设置。

双击 Res3，打开该元器件的属性对话框，如图 5-30所示。“元器件属性”对话框的左上角，标识符表示的是该元器件所对应的编号，这里设置其为 RI，注释一栏表示的是该元器件的说明信息，如 Res3，取消“可视”单选框，将其不显示。在右边列项中，将 Value 的值改为 10K，在右下方的 Footprint 前的列表框中可以选择相应的元器件封装类型。

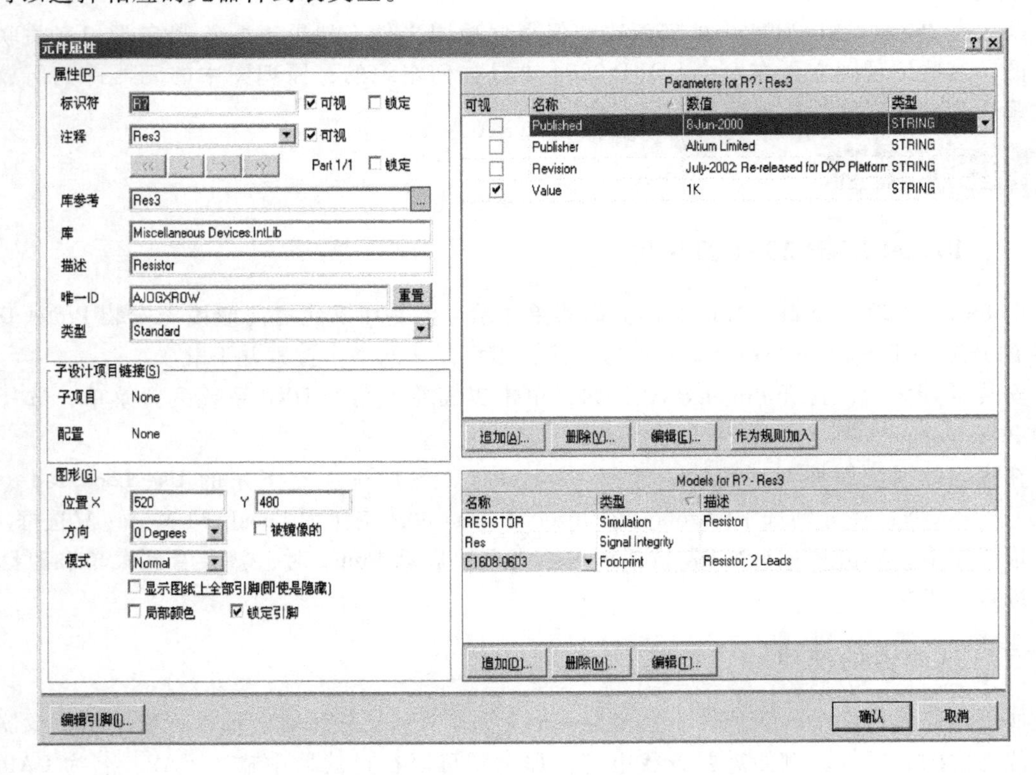

图 5-30　“元器件属性”对话框

任务实施

1. 启动 Protel DXP 2004

启动 Protel DXP 2004 一般有三种方法：

- 用鼠标双击 Windows 桌面的快捷方式图标，进入 Protel DXP 2004。
- 执行“开始”→“程序”→Altium→ DXP 2004。
- 执行“开始”→DXP 2004。

Protel DXP 2004 启动后，系统出现启动画面，几秒钟后，系统进入程序主页面，如图 5-31所示。

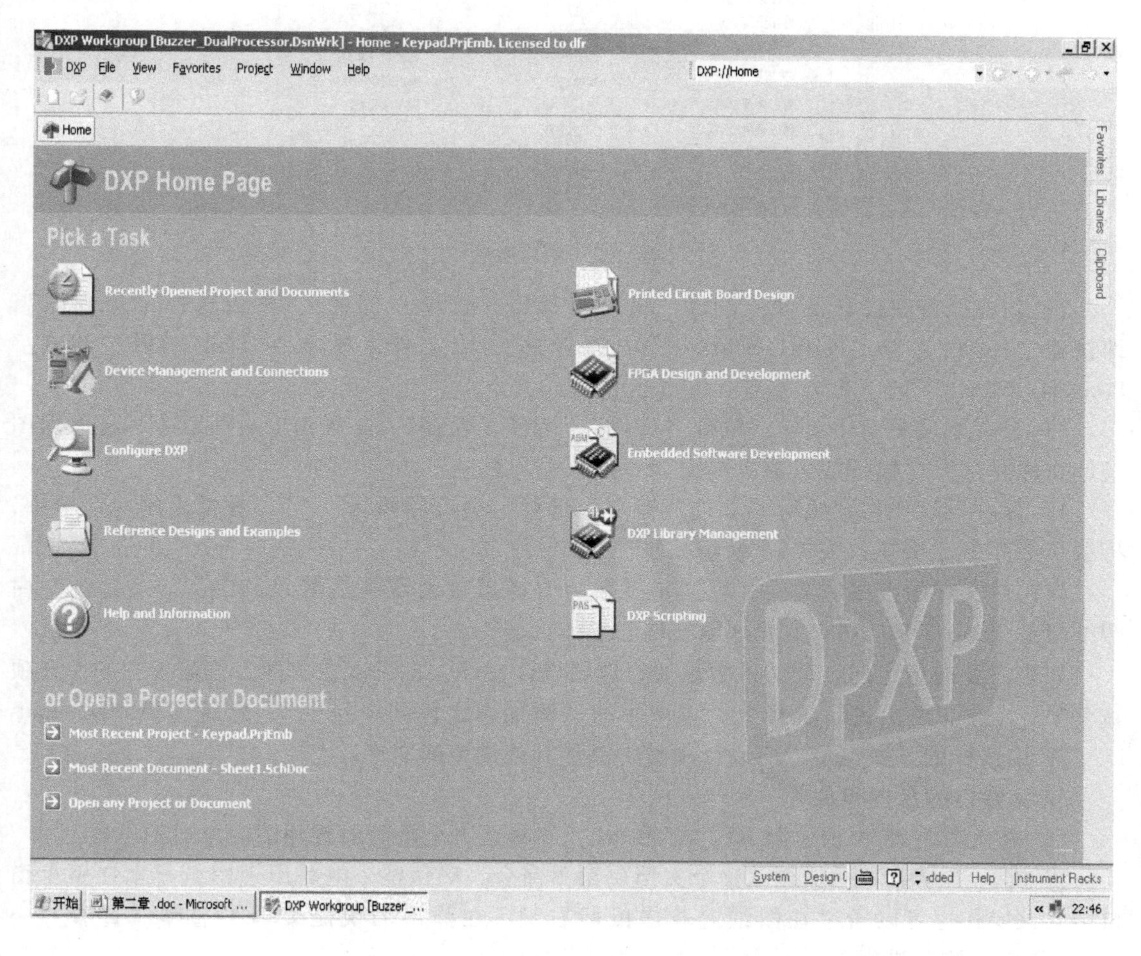

图 5-31　Protel DXP 2004 主页面

2. 电路原理图文件的新建和保存

1）新建 PCB 项目：执行“文件”菜单，选择“创建”，然后选择“项目”子菜单下的“PCB 项目”，可新建一个 PCB 项目，如图 5-32 所示。

执行完毕后，新建了一个名为“PCB_ Project1. PrjPCB”的 PCB 项目文件，显示在文件面板的下方。

图 5-32　新建项目

2）新建原理图设计文件：执行“文件”菜单，选择“创建”，然后选择“原理图”，即新建了一个名为“sheet1. SchDoc”的原理图设计文件，显示在 PCB 项目“PCB_Project1. PrjPCB”的下方。

3）保存原理图设计文件：执行“文件”，选择“保存”，在弹出的对话框中，将原理图设计文件保存为“模拟放大器电路图 . SchDoc”。

4）保存设计项目：执行“文件”菜单，选择“另存项目为...”，在弹出的对话框中，将项目保存为“模拟放大器 . PrjPCB”。

保存后文件面板中的文件名也同步更新为“模拟放大器电路图 . SchDoc”。右边的空白图纸就是 Protel DXP 2004 的原理图绘制的工作区域。

如果需要向指定的设计项目中添加原理图设计文件，也可以在文件工作面板中的设计项目名上，单击鼠标右键，选择快捷菜单中的“添加新文件到项目中”，然后选择“schematic”。采用这样的方法也可以向设计项目中添加其他类型的文件。

3. 元器件的查找和放置

1）查找图 5-28 中的电阻 RI、RF 和 RL，并将这三个电阻放置到图中合适的位置。

① 执行“查看”→“显示整个文档”菜单命令，确认整个电路原理图纸显示在整个窗口中。该操作也可以通过在图纸上单击鼠标右键，在弹出的快捷菜单中选择“查看”→“显示整个文档”进行。

② 单击 Protel DXP 2004 窗口右侧的“元件库”选项卡，打开“元件库”面板，如图 5-33所示。该面板也可以通过菜单“查看”→“工作区面板”→“System”→“元件库”打开或关闭。

③ 从元件库面板上方的库列表下拉菜单中选择 Miscellaneous Devices. Intlib，使之成为当前元件库，同时该库中的所有元器件显示在其下方的列表项中。从元器件列表中找到电阻 Res3，单击选择电阻后，电阻将显示在面板的下方，如图 5-34 所示。

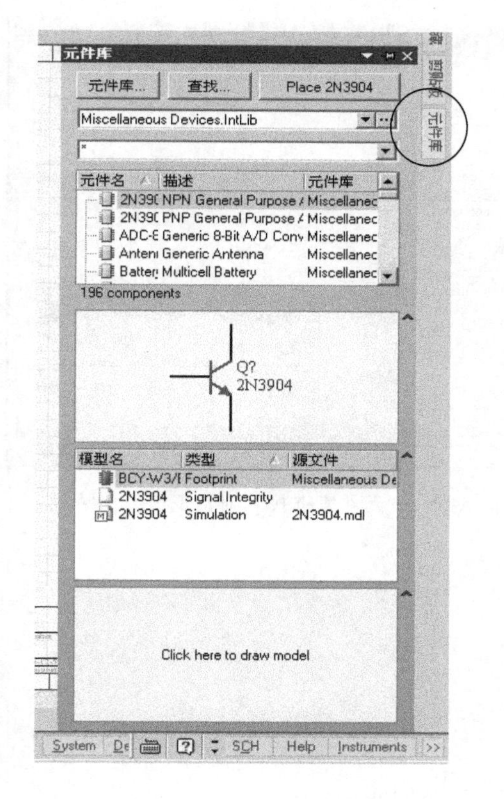

图 5-33 “元件库”面板

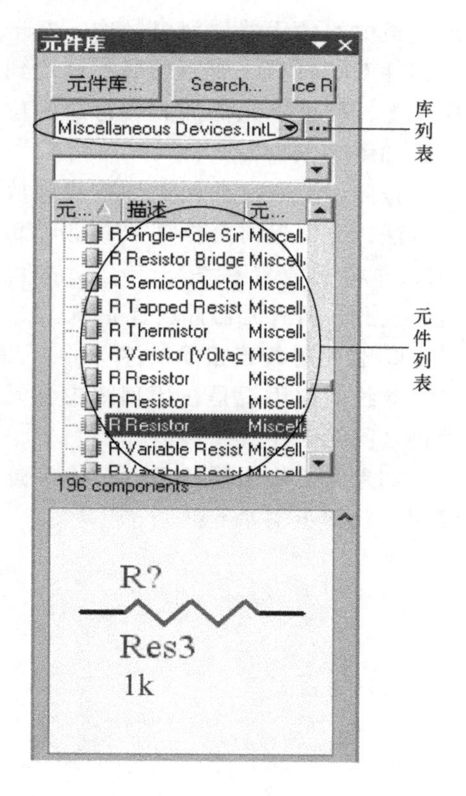

图 5-34 元器件列表

④ 双击 Res3（或者单击选中 Res3，然后单击元件库面板上方的“Place Battery”按钮），移动鼠标到图纸上，在合适的位置单击鼠标左键，即可将元器件 Res2 放下来。在放置元器件的过程中，如果需要元器件旋转方向，可以按空格键进行。每按一次空格键，元器件旋转 90°。

如果需要连续放置多个相同的元器件，可以在放置完一个元器件后，单击左键连续放置，放置完毕后可以单击右键退出元器件放置状态，或者按 Esc 键即可。

2）放置元器件 UA741AD。在当前的元件库 Miscellaneous Devices. Intlib 的元器件列表中发现该元器件不存在。那么该到何处去查找该元器件呢？这时可以单击元件库面板上方的“Search...”按钮，将弹出一个元件库查找对话框，如图 5-35 所示。在该对话框中输入要查找的元器件的名字，这里输入当前要查找的元器件名字“UA741AD”。

在对话框下的“查找类型”中选择“Components”，表示要查找的是普通的元器件；在“路径”中选择 Protel DXP 2004 的安装目录，如 C：\ Program Files \ Altium 2004；在“范围”中选择“路径中的库”，表示在前一步所设置的路径（如 C：\ Program Files \ Altium 2004）范围内进行查找，如果选择“可用元件库”项，则表示只在当前已经加载进来的元件库中进行查找，此种查找的范围比较小。

设置完毕后，单击“查找”按钮，开始查询。开始查询后，“查找...”按钮将变为“停止”按钮，如果要停止查找，单击该按钮即可。

等待几秒钟后，将查找到所有元器件名字包含“UA741AD”的元器件，并显示在元件库面板中的“元器件列表”中。双击元器件 UA741AD，然后将鼠标移动到图纸上，即可将元器件放在合适的位置，如图 5-36 所示。

按照以上所述的元器件查找和放置方法，分别找到元器件 VSIN 和 VS-RC，并将其放置在图纸上合适的位置。至此，所有元器件放置完毕。

4. 使用导线连接元器件

导线的作用就是在原理图中各元器件之间建立连接关系。

如果需要将元器件 RI 和 VSIN 连接起来，则步骤如下：

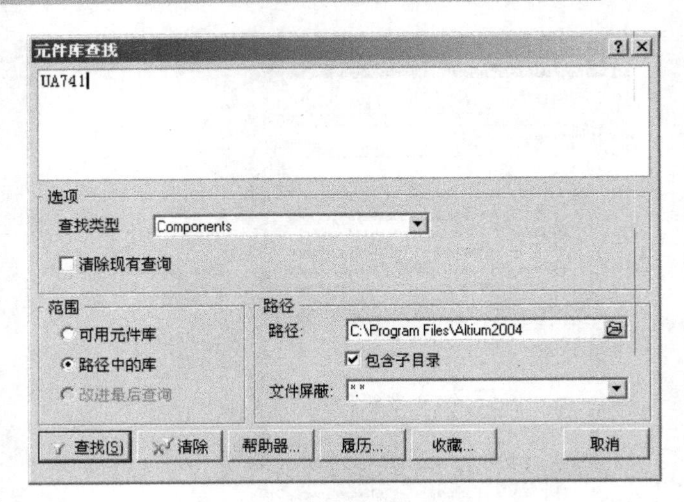

图 5-35 “元件库查找”对话框

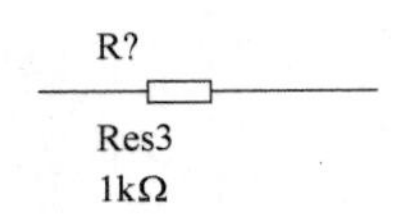

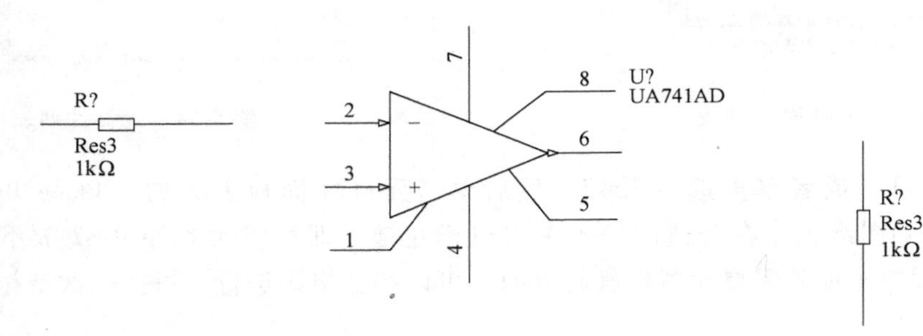

图 5-36 放置了元器件 UA741AD 后的原理图

1）执行菜单“放置”→“导线”。

2）将鼠标移动到图纸中 RI 的左侧引脚处，单击左键确定起点。

3）移动鼠标到元器件 VSIN 的上侧引脚处单击确定终点。

4）单击右键或按 Esc 键退出绘制导线状态。

连接后的 RI 和 VSIN 如图 5-37 所示。

在绘制导线的过程中，如果需要在某处拐弯，则可以在拐点处单击确定拐点。

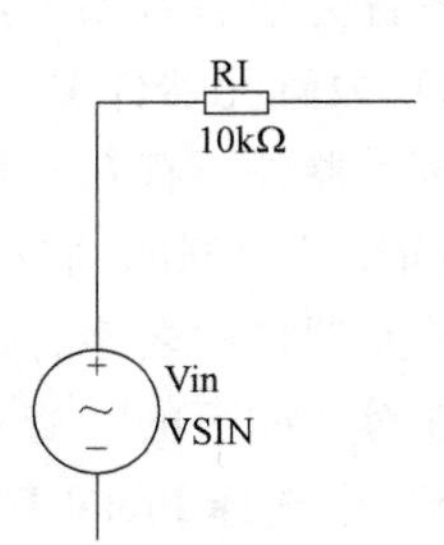

图 5-37 连接后的 RI 和 VSIN

在绘制导线的过程中，如果按下 Tab 键，则将弹出“导线属性”对话框，用户可以在对话框中设置导线的颜色和宽度。

绘制导线过程中，当导线移动到某个引脚端点或者导线端点时，将出现红色的“×”，这代表电气栅格，它能够在规定的距离内自动捕捉到端点而进行连接。

所有元器件连接后的效果如图 5-38 所示。

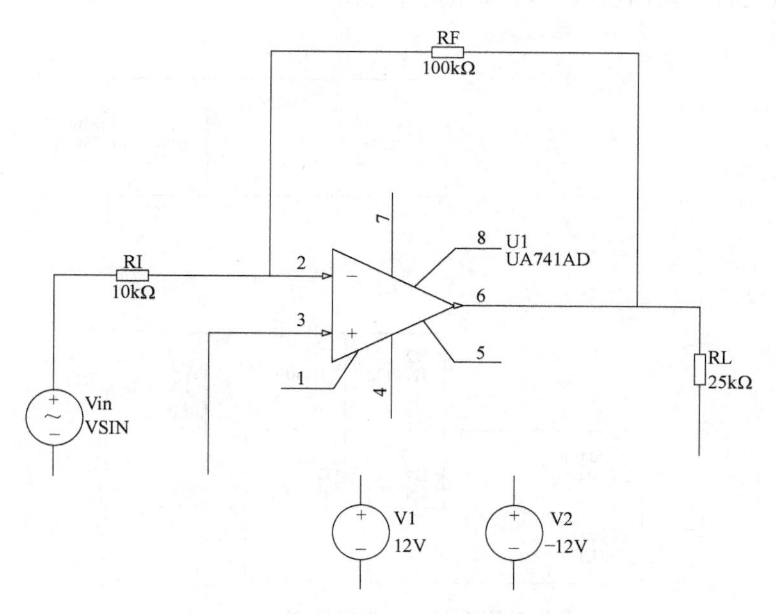

图 5-38　导线连接效果图

5. 放置电源符号和接地符号

图 5-28 中有两种电源符号。执行菜单“放置”→“电源端口”，然后将鼠标移动到原理图中电阻 RL 的下方，连续按三次空格键，使电源符号转动 270°，然后将电源符号对齐电阻引脚放置，如图 5-39 所示。

双击电源符号，在弹出的属性对话框中，将电源符号的显示形式由 Bar 改为 Power Ground，修改后如图 5-40 所示。

图 5-39　电源符号　　　　图 5-40　接地符号

在“电源符号属性”对话框中，可以修改电源符号的名称、颜色、坐标位置、放置角度以及显示形式。

按照以上方法放置所有的电源符号，并设置相应的显示形式、名称、角度和位置。

至此，图 5-28 所示的训练任务全部完成，最后再次保存即可。

任务拓展

新建一个设计项目 Basic Power Supply. PrjPCB，在其中添加一个原理图设计文件 Basic

Power Supply. SchDoc，绘制如图 5-41 所示的原理图。

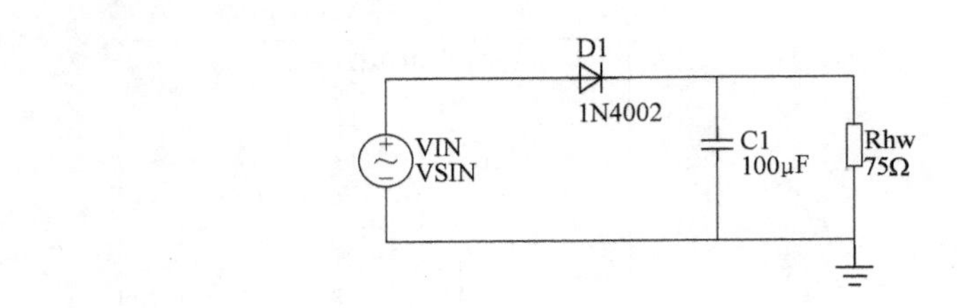

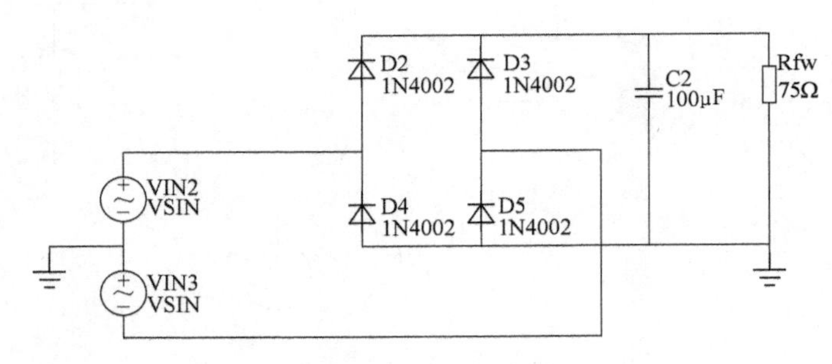

图 5-41　电源电路图

任务二　实用门铃电路的绘制

学习目标

1. 理解并掌握绘图的一般步骤。
2. 掌握电路原理图图纸参数的设置。
3. 掌握元件库的加载和删除。
4. 掌握元器件的编辑方法（选择、移动、删除、拷贝、粘贴、排列）。
5. 进一步掌握元器件属性的设置（包括元器件序号、名称、封装、标称值等）。
6. 掌握导线和电源符号的使用。

建议课时

6 课时。

任务描述

本任务通过一个实用门铃电路的绘制来学习：如何设置电路原理图图纸参数（包括图纸大小、颜色等）；如何加载和删除元件库；如何实现对元器件的编辑（包括剪切、复制、粘贴、删除、排列等）。

图 5-42 是一种能发出“叮、咚”声的门铃的电路原理图。它是利用一块时基电路集成块 SE555D 和外围元器件组成的。要求图纸大小为 A4，水平放置，图纸颜色为白色，边框色为黑色，栅格大小为 10，捕捉大小为 5，电气栅格捕捉的有效范围为 5，系统字体为宋体

12 号黑色。

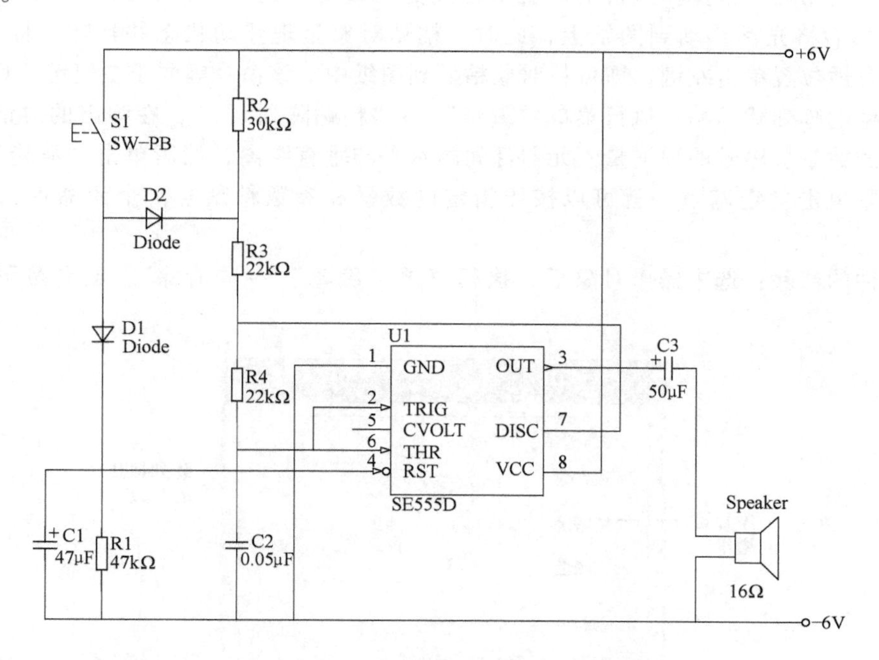

图 5-42 实用门铃的电路原理图

知识链接

一、关于元件库

在将 Protel DXP 2004 软件安装到计算机中的同时，它所附带的元件库也被安装到计算机的硬盘中了。在软件的安装目录下，有一个名为 Library 的文件夹，其中专门存放了这些元件库。这些元件库是按照生产元器件的厂家来分类的，比如 Wesern Digital 文件夹中包含了西部数据公司所生产的一些元器件；而 Toshiba 文件夹中则包含了东芝公司所生产的元器件。

在绘图过程中，用户需要把自己常使用的元器件所在的库加载进来。由于加载进来的每个元件库都要占用系统资源，影响应用程序的执行效率，所以在加载元件库时，最好的做法是只装载那些必要而且常用的元件库，其他一些不常用的元件库仅当需要时再加载。日常使用最多的元件库是 Miscellaneous Connectors. IntLib 和 Miscellaneous Devices. IntLib，后者包含了一些常用的器件，如电阻、电容、二极管、晶体管、电感、开关等，而前者包含了一些常用的接插件，如插座等。

二、元器件的剪切、复制、粘贴、阵列式粘贴操作

元器件的剪切：选中需要剪切的对象后，执行菜单“编辑”→“剪切”。该命令等同于快捷键“Ctrl + X”。

元器件的复制：选中需要复制的对象后，执行菜单“编辑”→“复制”。该命令等同于快捷键“Ctrl + C”。

元器件的粘贴：该操作执行的前提是已经剪切或复制完元器件。执行菜单“编辑”→“粘贴”，然后将光标移动到图纸上，此时，粘贴对象呈现浮动状态并且随光标一起移动，在图纸的合适位置单击左键，即可将对象粘贴到图纸中。该命令等同于快捷键“Ctrl + V”。

元器件的阵列式粘贴：执行菜单“编辑”→“粘贴阵列...”，在弹出的对话框中设置需要粘贴的数量、序号的递增量、元器件间的水平和垂直距离，然后单击“确定”，在图纸的合适位置单击确定基点，就可以按照指定的数量和参数粘贴若干个元器件，如图 5-43 所示。

元器件的清除：选中操作对象后，执行菜单“编辑”→“清除”，或者按下键盘上的 Delete 键。

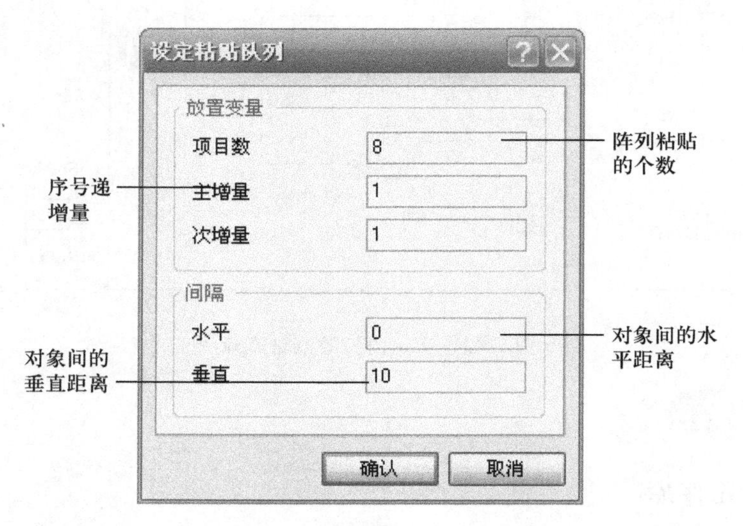

图 5-43 “设定粘贴阵列”对话框

任务实施

一、新建项目设计文件和原理图文件

建立一个新的项目设计文件和原理图文件，并将文件分别保存为“实用门铃电路 . PrjPCB”和“实用门铃电路 . SchDoc”，如图 5-44 所示。

二、原理图图纸参数的设置

图 5-44 新建项目设计文件和原理图文件

选择菜单命令“设计”→“文档选项”，弹出“文档选项”对话框，如图 5-45 所示。在该对话框中可以设置相关的图纸参数。

图纸大小设置：在“标准风格”后的下拉列表框中选择图纸大小为“A4”。

图纸方向设置：在“选项”选择区域内的“方向”后的下拉列表框中选择图纸方向为 landscape（水平放置）（portrait 表示垂直放置的意思）。

图纸颜色设置：在“选项”选择区域内的“边缘色”后的颜色标签上单击，在弹出的

“边缘颜色”对话框中选择黑色作为图纸的边框色。在“图纸颜色”后的颜色标签上单击，在弹出的“图纸颜色”对话框中选择白色作为图纸的颜色。

栅格和捕捉的设置：所谓栅格，也就是电路图纸上的网格，而捕捉指的是光标每次移动的距离。

在“网格”选择区域内的“可视”前单击选中复选框，然后将其后的数值改为10，表示网格大小为10。如果复选框没有选中，则表示栅格不可见。

在“网格”选择区域内的“捕获”前单击选中复选框，然后将其后的数值改为5，表示光标每次移动的距离为5。如果复选框没有选中，则表示没有捕捉，光标可以任意距离移动。

电气捕捉的设置：在“电气网格”选择区域内，单击选中“有效”复选框，表示电气栅格有效，然后将网格范围后的数值设置为5。如果“有效”复选框没有选中，则表示电气栅格无效。

所谓电气栅格范围为5，表示在绘图的时候，系统能够自动在5的范围内自动搜索电气节点，如果搜索到了电气节点，光标会自动移动到该节点上，并在该节点上显示一个圆点。

系统字体设置：单击“改变系统字体”按钮，在弹出的对话框中设置图纸的系统字体为12号、宋体、黑色。

设置完毕后，单击“确认”按钮即可。

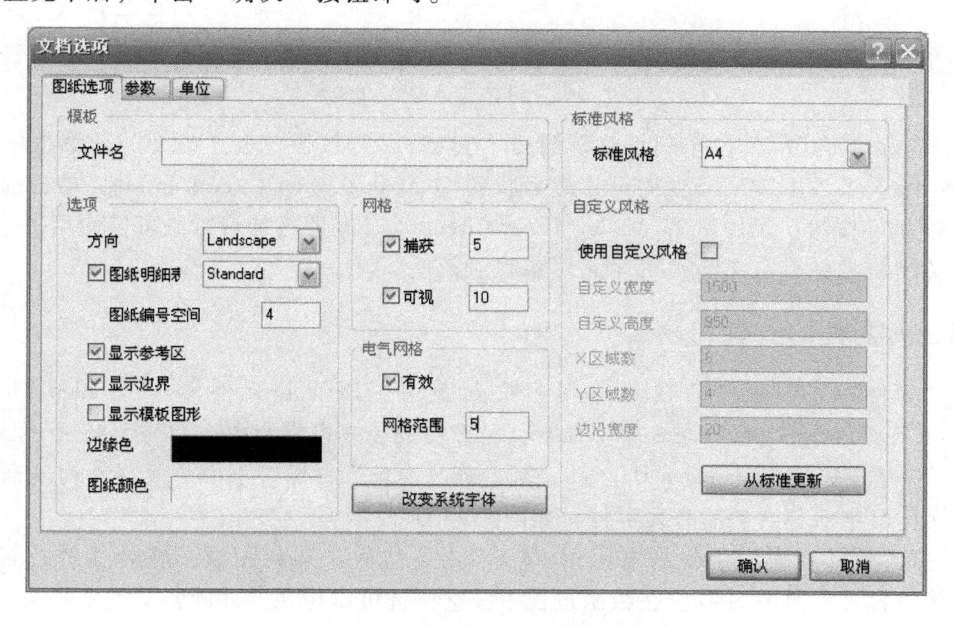

图5-45　“文档选项”对话框

三、元件库的加载

本例中所需要的元器件主要包含在TI Analog Timer Circuit. IntLib和Miscellaneous Devices. IntLib两个元件库中。因此，必须先将这两个元件库加载到项目中去。

1）单击窗口右侧的“元件库”选项卡，打开“元件库”面板。

2）单击上方的“元件库...”按钮，弹出“可用元件库”对话框，其中列出的就是当

前项目已经安装可供使用的元件库，如图 5-46 所示。可以看到其中包含 Miscellaneous Devices. IntLib 元件库，表示其已经加载进来。下面只需要加载元件库 TI Analog Timer Circuit. IntLib 即可。

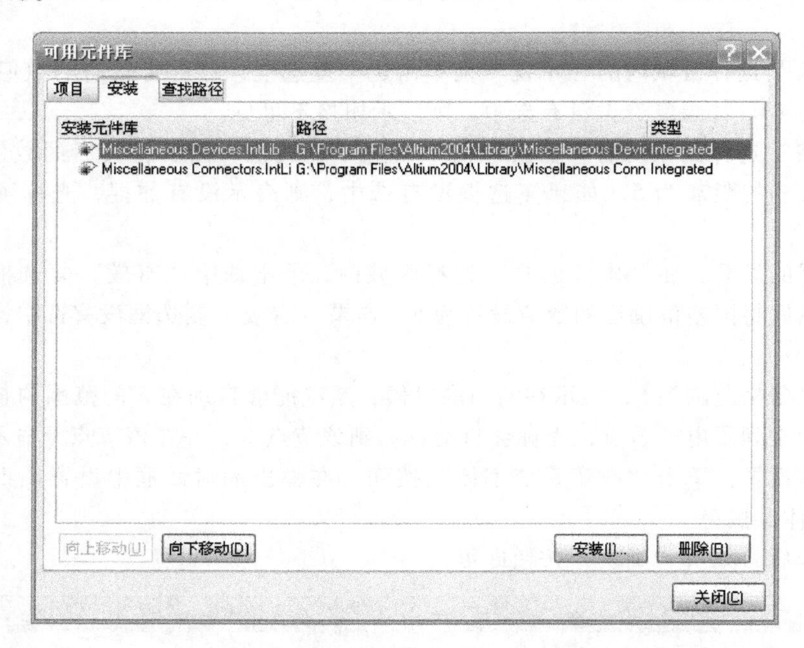

图 5-46 “可用元件库”对话框

3）单击“可用元件库”对话框下侧的“安装...”按钮，在“打开”对话框中，找到 Texas Instruments 文件夹，双击打开，然后找到 TI Analog Timer Circuit. IntLib，单击选中，并单击“打开”按钮。元件库 TI Analog Timer Circuit. IntLib 即被加载进来可供使用了。单击“关闭”按钮，可关闭“可用元件库”对话框。

四、元器件的查找和放置

在“元件库”面板中，在元件库下拉列表中可以看到元件库 TI Analog Timer Circuit. IntLib 和 Miscellaneous Devices. IntLib 都已经被安装并可供使用，如图 5-47 所示。

1）单击选中 Miscellaneous Devices. IntLib 作为当前元件库，下面的元器件列表框中就列出了该元件库中所包含的所有元器件，如图 5-48 所示。

2）在元器件列表框中找到电阻 Res2，双击，然后移动到图纸上在合适的位置放置 4 个，具体位置可参照图 5-42。在绘制过程中按空格键可以将元器件旋转 90°。

放置完电阻后，在元器件列表框中找到二极管 Diode，双击后移动到图纸中合适的位置，放置 2 个。

以此类推，分别找到电容 Cap、开关 SW-PB、扬声器 Speaker、电解电容 Cap Pol1，并放在合适的位置，如图 5-49 所示。

3）由于元器件 SE555D 包含在元件库 TI Analog Timer Circuit. IntLib 中，所以先在元件库列表中选择 TI Analog Timer Circuit. IntLib 作为当前元件库。

然后在其下的元器件列表中找到 SE555D，双击后，将光标移动到图纸上，在合适的位

置放置，然后单击鼠标右键退出。放置完毕，如图 5-50 所示。

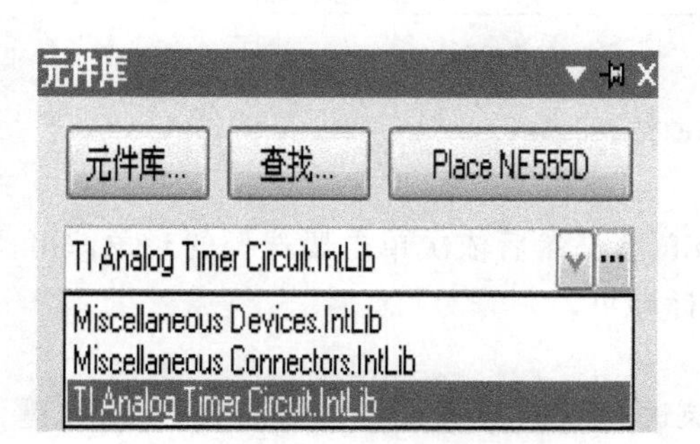

图 5-47 元件库列表

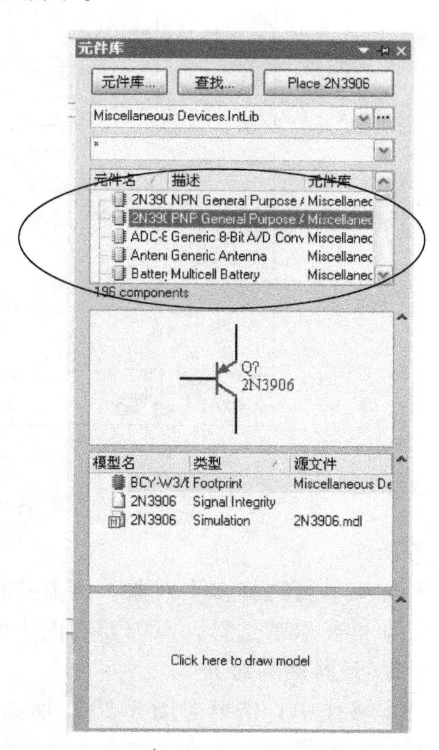

图 5-48 元器件列表框

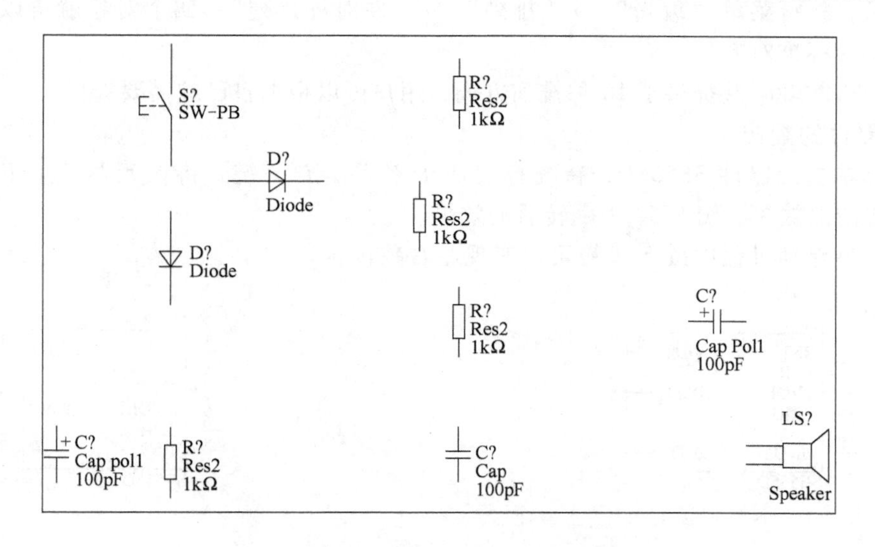

图 5-49 放置其他元器件

五、编辑元器件

1. 元器件的选择

单击某个元器件，即可将其选中。选中元器件后，可以对其执行清除、剪切、复制、对

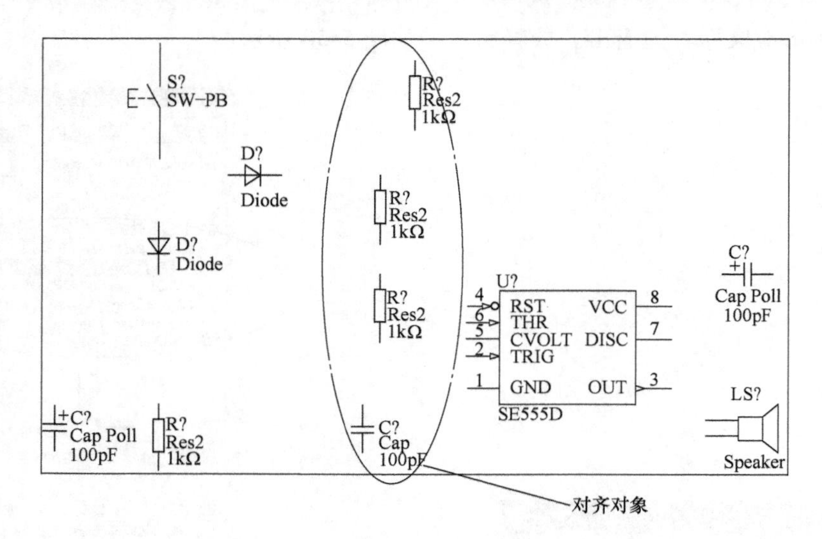

图 5-50　放置完毕的结果

齐等操作。

如果需要选择多个对象，则需按住键盘上的 Shift 键，然后依次单击要选择的对象即可。

如果要取消选择，只需要在图中空白处单击鼠标即可。

2. 元器件的对齐

本操作中，需要对图 5-50 中所指示的 4 个对象进行纵向对齐操作。则先按住 Shift 键，然后依次单击选中 4 个对象。

选中后，执行菜单“编辑”→“排列”→“左对齐排列”，四个对象就将以最下边的对象的中心为标准对齐。

Protel DXP 2004 共提供了 10 种排列方式，用户可以根据自己的需要选择。

3. 元器件的翻转

用鼠标单击元器件 SE555D，待光标变成十字后，按 Y 键，将该元器件上下翻转。图 5-51为翻转前的效果。图 5-52 为翻转后的效果。

在元器件浮动过程中按下 X 键可以实现左右翻转。

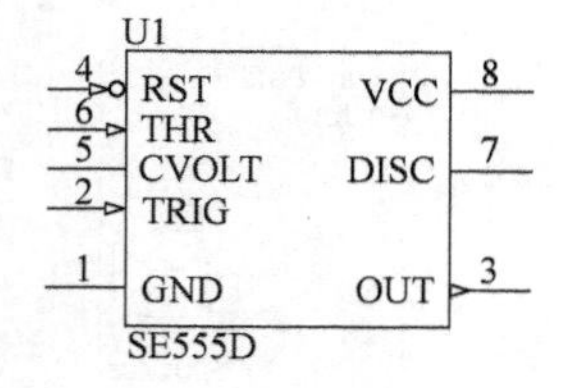

图 5-51　翻转前

图 5-52　翻转后

4. 元器件的移动

如果需要移动对象，只需要在选择对象后，然后按住鼠标左键拖动即可。本例中，用户可以根据自己的需要适当地移动对象来调整布局。

元器件的移动也可以通过菜单“编辑”→“移动”后的各个子菜单命令来执行。用户

可以通过具体操作来理解各项的含义。

六、设置元器件属性

二极管属性的设置：双击原理图中最左侧的二极管，打开“元器件属性”对话框，如图 5-53 所示。

图 5-53　“元器件属性”对话框

“标识符”后的文本框中可以输入元器件在原理图中的序号。本例中输入“D1”。其后的“可视”复选框如果被选中表示其可见，如果未被选中，表示不可见。“锁定”复选框如果被选中，则表示将序号锁住不可修改。

“注释”后的文本框用于输入对元器件的注释，通常输入元器件的名字。本例中输入 Diode。其后的“可视”含义同上。

“库参考”后是系统给出的元器件的型号。

“库”后列出的是元器件所在的库名。

“描述”后列出的是元器件的描述信息。

“唯一 ID”后是系统给出的元器件的编号，无需修改。

在“图形”选择区域中，“位置 X”和“Y”用来精确定位元器件在原理图中的位置，用户可以在后面的方框中直接输入坐标；“方向”用于设置元器件的翻转角度；“被镜像的”复选框用于设置得到元器件的镜像。

以此类推，参照图 5-54，设置图中所有的元器件属性。

七、连接导线

执行菜单“放置”→“导线”命令。参照图 5-55，将各元器件连接起来。

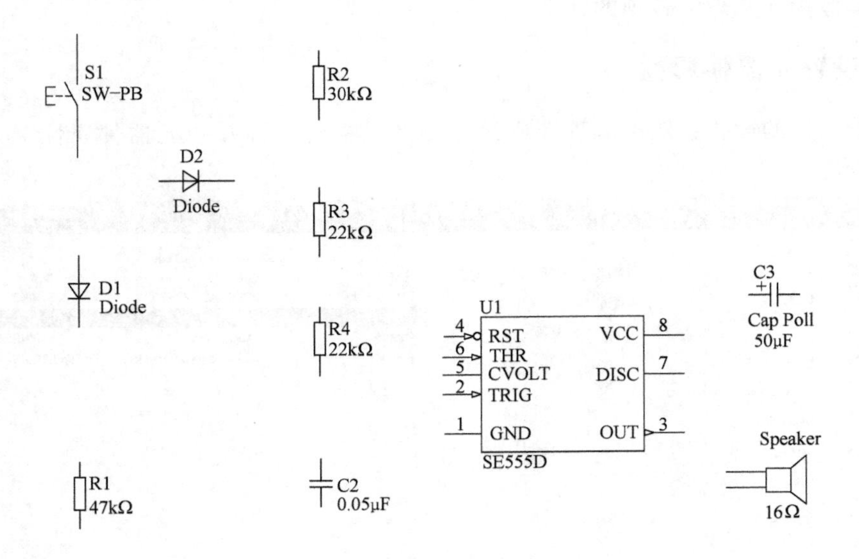

图 5-54　设置好属性的电路图

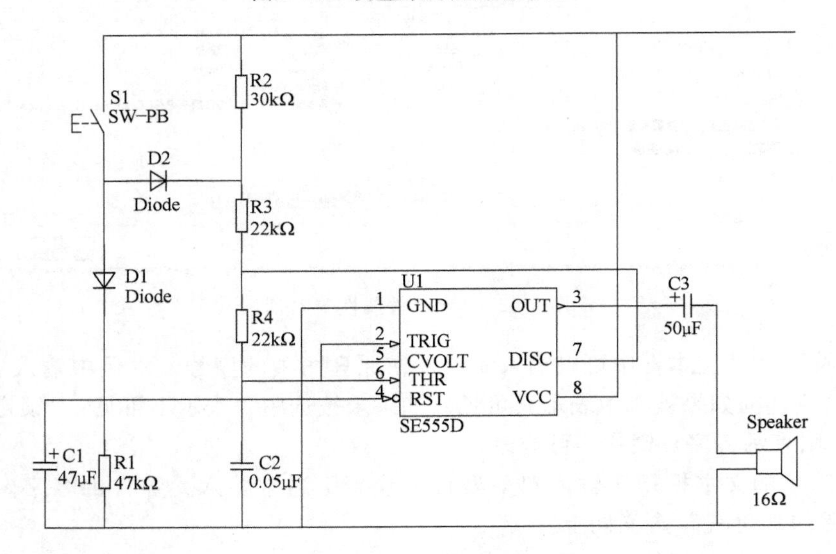

图 5-55　绘制完毕的原理图

八、放置电源符号

执行菜单“放置”→“电源端口”，然后将鼠标移动到图纸中的合适位置放置好。在放置的过程中，可以按空格键旋转元器件的方向。

然后双击电源符号，打开“电源端口属性”对话框，将“风格”改为“Circle”，网络名称改为“+6V”。参照以上步骤，放置电源符号“-6V”。

任务小结

绘制原理图的一般步骤如下：

1）新建项目设计文件和原理图文件。

2）设置图纸参数。

3）安装所需要的元件库。

4）查找和放置元器件，并设置元器件的属性。

5）根据需要对元器件进行适当的编辑操作（如移动、删除、翻转和对齐等）。

6）导线的连接。

7）放置电源符号。

8）保存。

绘制原理图的步骤并不是固定的，在用户实际操作过程中，也可以根据需要调整先后顺序。

任务拓展

新建一个项目设计文件和原理图文件，分别保存在D盘，名字分别为“差动放大电路.PrjPCB”和“差动放大电路.SchDoc”。图纸大小为宽1000，高800，颜色为淡黄色，边框为蓝色，水平放置，栅格大小为10，捕捉为2.5，电气捕捉为8。绘制如图5-56所示电路图。

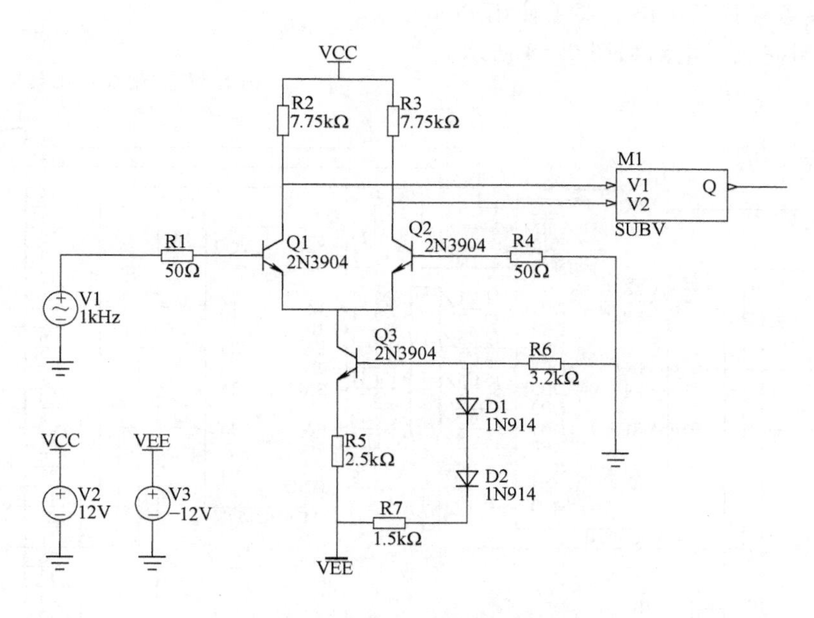

图5-56　差动放大电路图

任务三　模-数转换电路的绘制

学习目标

1. 掌握导线的使用及导线属性的设置。
2. 掌握总线的使用及总线属性的设置。

3. 掌握总线分支的使用及其属性的设置。
4. 掌握网络标号的含义及其使用。
5. 掌握接地符号和电源符号的使用及属性的设置。
6. 理解和掌握放置元器件按钮的作用。

建议课时

6 课时。

任务描述

Protel DXP 2004 提供了用于绘制电路原理图的工具栏，即“配线”工具栏，如图 5-57 所示。该工具栏可以通过“查看”→“工具栏”→“配线”来打开或关闭。该工具栏的主要作用是用来放置导线、总线、总线分支、网络标号、接地符号和电源符号等。

下面通过具体任务来介绍“配线”工具栏中各工具按钮的使用方法。本任务完成一个用来实现模数转换的电路，要求使用 Protel DXP 2004 绘制完成，电路如图 5-58 所示。

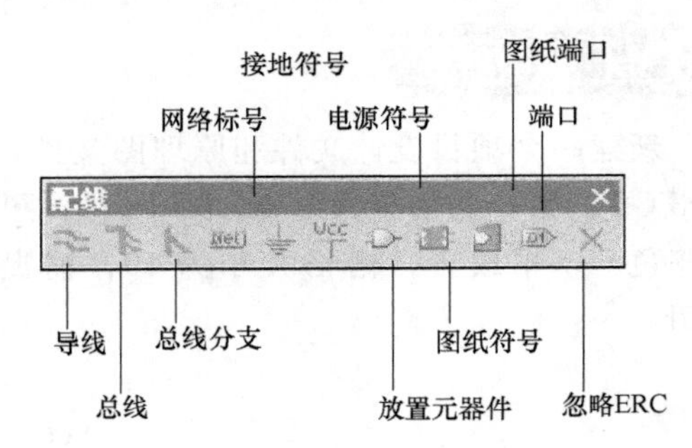

图 5-57 “配线”工具栏

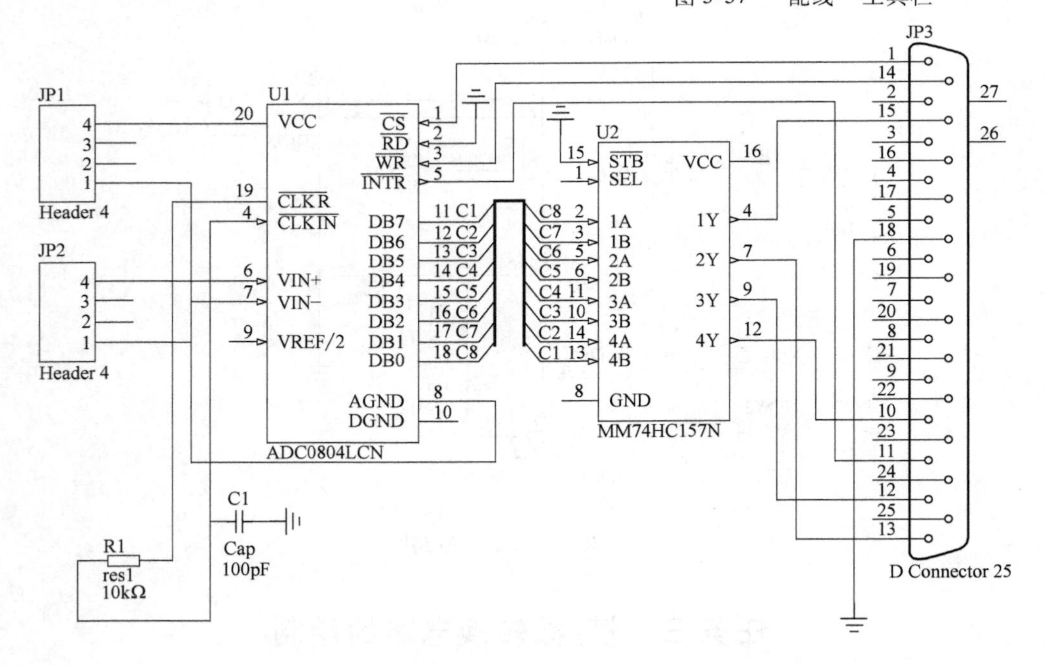

图 5-58 模-数转换电路

本任务主要练习导线的使用及导线属性的设置、总线的使用及总线属性的设置、总线分支的使用及其属性的设置、网络标号的含义及其使用、接地符号和电源符号的使用及属性的设置、放置元器件按钮的作用。

知识链接

一、设计文件可以独立存在

在前面的任务中提及过，在 Protel DXP 2004 中，一个设计项目中可以包含若干个类型相同或不相同的设计文件，设计项目的作用在于能够把存放在不同位置的文件以一定的形式组织起来。一个设计项目中如果没有包含设计文件，则该项目就是空项目。

在设计使用过程中，设计项目不能单独使用。例如，如果需要复制某原理图，不能仅仅复制项目，而需要复制原理图文件。设计文件可以包含在某个设计项目中，并且也可以独立存在，不从属于任何项目。例如，原理图文件“模数转换电路”就是一个不从属于任何项目的自由文档。

二、电气捕捉

绘制导线过程中，当导线移动到某个引脚端点或者导线端点时，将出现红色的“×”，这就是前面所提到的电气栅格，它能够在规定的距离内自动捕捉到端点而进行连接。

任务实施

一、新建原理图文件

新建一个原理图文件，并将新建的文件保存为“模数转换电路.SCHDOC”，如图 5-59 所示。

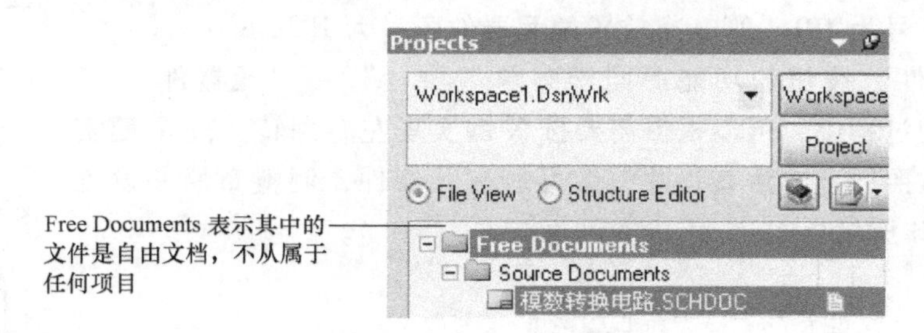

图 5-59　新建原理图文件

二、放置元器件、设置属性

本任务所需要的元器件有 4 针接头 Header 4、电阻 Res1、电容 Cap、A/D 芯片 ADC0804LCN 和连接器 D Connector 25。

这些元器件主要包含在如下元件库中：Miscellaneous Devices. IntLib、Miscellaneous Connectors. IntLib、NSC Converter Analog to Digital. IntLib 和 NSC Logic Multiplexer. IntLib 中。将这些库加载到系统中来，加载后的元件库面板如图 5-60 所示（在系统默认的情况下，Miscellaneous Devices. IntLib 和 Miscellaneous Connectors 和 IntLib 已经加载进来，所有的元件库都存放在安装目录下的 Library 文件夹中）。

如果已经将元器件所在的库加载进来，此时查找并放置元器件可以通过“配线”工具栏上的“放置元器件”按钮 执行。单击该按钮后，将弹出如图 5-61 所示的对话框。

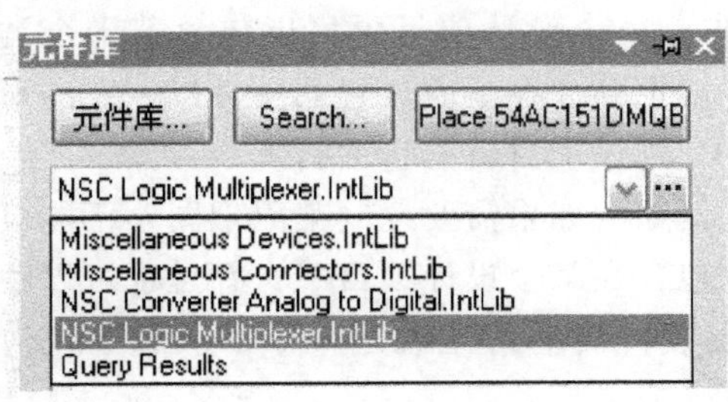

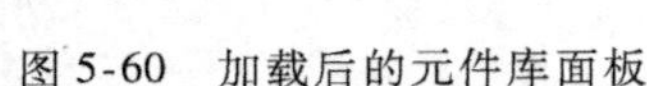
图 5-60　加载后的元件库面板

图 5-61　“放置元器件”对话框

在“放置元器件”对话框的“库参考”后输入所要放置的元器件的名称 Header 4，在“标识符”后输入元器件的序号 JP1，在“注释”后输入元器件所显示的注释“Header 4”，在“封装”后选择该元器件所对应的封装。

一般情况下，当用户在“库参考”后输入元器件的名称后，系统会提供和该元器件相对应的编号、注释和封装。用户也可以根据需要作适当修改。

单击“确认”按钮后，系统就会从加载进来的库中查找到元器件 Header 4，如图 5-62 所示。在图纸上合适的位置单击，即可将元器件放置。继续单击可以连续放置，同时会发现元器件的序号递增。如第 1 次放置的元器件序号为 JP1，第 2 次放置的元器件序号为 JP2，……

“放置元器件”按钮的功能等同于菜单“放置”→“元器件...”在放置元器件的过程中，可以根据需要按 X 键实现左右翻转，按 Y 键实现上下翻转。按照以上方法查找并放置好所有元器件，调整布局并设置属性，如图 5-63 所示。

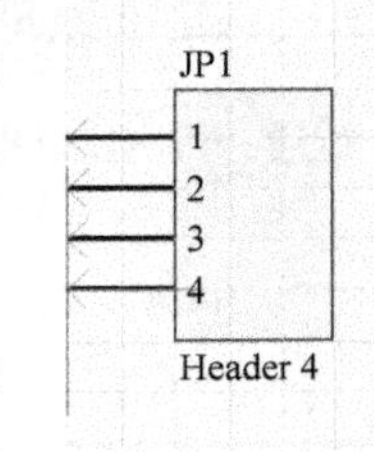

图 5-62　Header 4

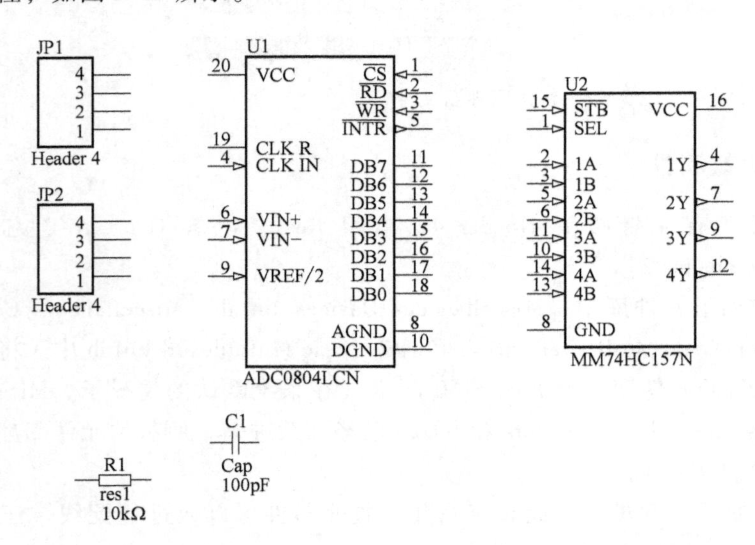

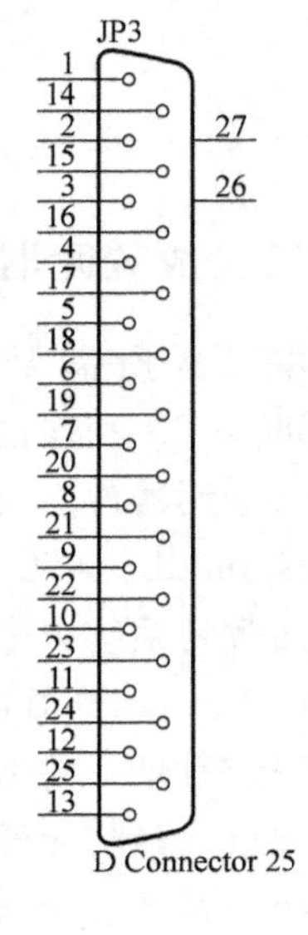

图 5-63　布局完成的电路图

三、绘制导线

导线的作用就是在原理图中各元器件之间建立连接关系。例如在图 5-64 中，如果需要将 JP1 的引脚 1 和 U1 的引脚 8 连接起来，则可以按照以下步骤操作：

1）单击导线按钮。

2）将鼠标移动到图纸中 JP1 的引脚 1 处单击左键确定起点。

3）移动鼠标到位置 1 处，单击确定拐点，然后移动鼠标到位置 2 处单击再次确定拐点，在位置 4 处单击确定拐点，在引脚 8 处单击确定终点。

4）单击右键或按 Esc 键退出绘制导线状态。

在绘制导线的过程中，如果按下 Tab 键，则将弹出“导线属性”对话框，用户可以在对话框中设置导线的颜色和宽度。

放置导线也可通过菜单命令“放置”→“导线”进行。

四、绘制总线和总线分支

总线是一组功能相同的导线的集合，用一条粗线来表示几条并行的导线，从而能够简化电路原理图。

导线与总线的连接是通过总线分支来实现的。

导线、总线和总线分支的关系如图 5-65 所示。导线 A0 ~ A12 通过 12 条总线分支汇合成一根总线。

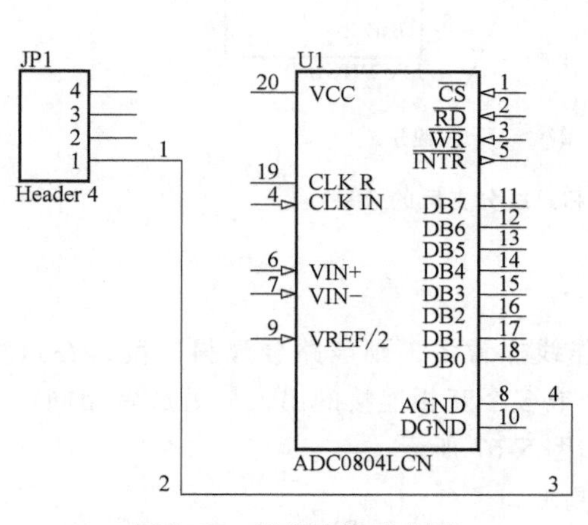

图 5-64　导线连接示意图

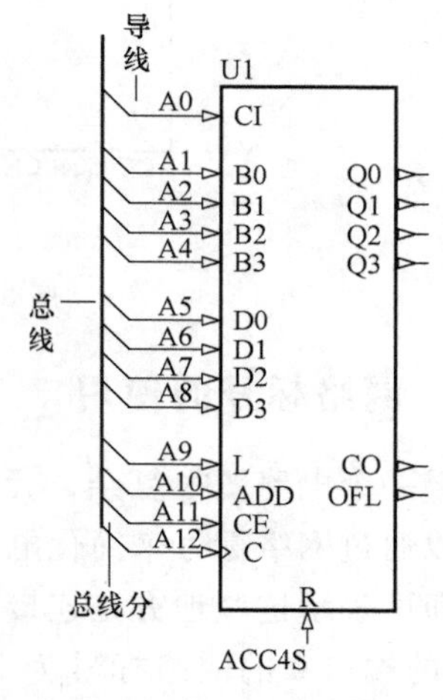

图 5-65　导线、总线和总线分支的关系

1. 总线的绘制

总线的使用方法和导线类似。

单击工具栏上的工具按钮 ，进入放置总线状态，将光标移动到图纸上需要绘制总线的起始位置，单击鼠标左键确定总线的起始点，将鼠标移动到另一个位置，单击鼠标左键，确定总线的另一点。当总线画完后，单击鼠标右键或者按下 Esc 键即可退出放置总线状态。

绘制总线也可以通过菜单命令“放置”→“总线”进行。

在画线状态时，按 Tab 键，即会弹出“总线属性”对话框，在该对话框中可以修改总线的宽度和颜色。

2. 总线分支的绘制

总线分支是45°或135°倾斜的短线段，长度是固定的。

在绘制过程中可以按空格键在45°和135°之间进行切换。

单击工具栏上的按钮，进入放置总线分支的状态，将鼠标移动到总线和导线之间，单击鼠标左键就可以放置了。

绘制总线分支也可以通过菜单命令“放置”→“总线分支”来执行。

在画线状态，按 Tab 键，即会弹出“总线分支”对话框，可以在该对话框中设置总线分支的颜色、位置和宽度。

按照以上绘制方法完成元器件 U1 和 U2 之间总线和总线分支的绘制。完成后的效果如图 5-66 所示。

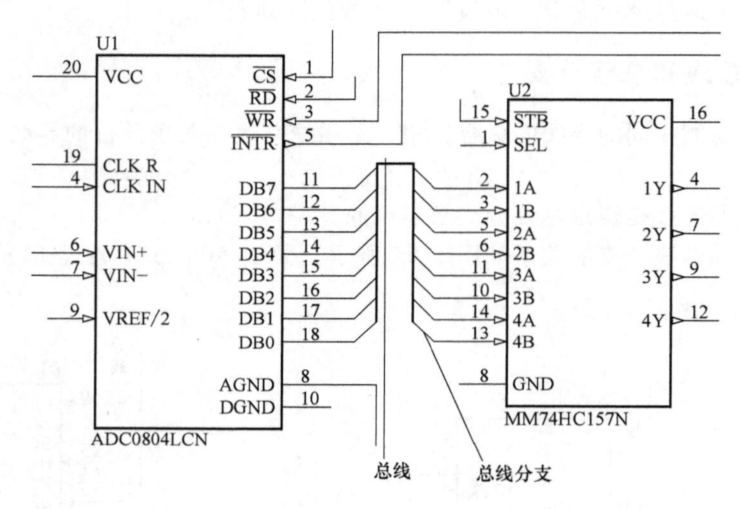

图 5-66　完成总线和总线分支后的效果

五、网络标号的使用

如果一个电路图很复杂，元器件之间的连线非常多，则电路会显得凌乱，在这种情况下，可以通过网络标号来简化电路图，在两个或多个互相连接的出入口处放置相同名字的网络标号即可表示这些地方是连接在一起的，如图 5-67 所示。

D1 的端口 2 的网络标号为 IO，R1 的左侧端口网络也为 IO，虽然两个端口并没有导线相连接，但是因为网络标号相同，所以两个端口实际上相连接的。

D1
IO 2 AC AC 4
1 V+ V− 3
IO R1 1kΩ

图 5-67　网络标号的作用

放置网络标号可以通过配线工具栏上的按钮 Net 进行，单击该按钮后，将进入放置网络标号状态，光标处将出现一个虚框，将虚框移动到需要放置网络标号的位置，单击鼠标左键可以放下网络标号，将光标移到其他位置可以继续放置，单击鼠标右键或者按 Esc 键可以退出放置状态。

在网络标号的放置过程中，如果按下 Tab 键，将弹出“网络标号属性”对话框，可以在其中改变网络标号的内容和字体格式。设置网络标号内容后，如果最后是数字，则在继续放置的过程中将自动递增，比如开始设置网络标号为“A0”，则第 2 个网络标号自动为“A1”，第 3 个自动为“A2”……

参照图 5-58 可知，本例中共有 C1、C2、C3、…、C8 等网络标号。按照上述步骤在图中添加网络标号，如图 5-68 所示。

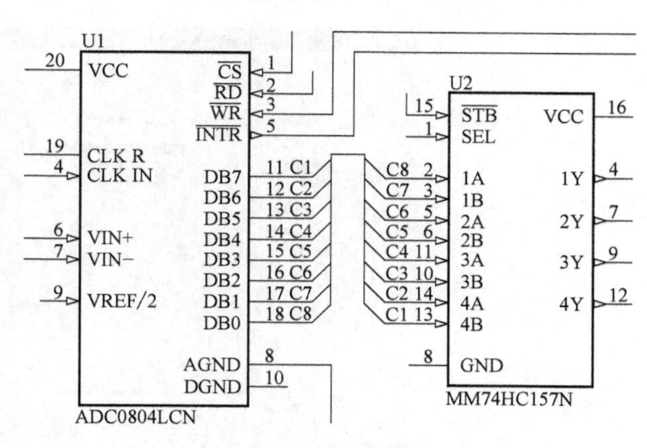

图 5-68　放置完网络标号的效果图

六、放置接地符号和电源符号

配线工具栏中的工具用来绘制接地符号，工具用来绘制电源符号。

单击工具栏上的电源或接地工具按钮后，光标将变成十字形，将光标移动到图纸中合适的位置单击鼠标左键即可放下电源或接地符号。放下后，双击电源或接地符号即可打开电源或接地符号的属性对话框，在对话框中进行属性的设置。也可以在放置电源或接地符号的过程中，按下 Tab 键，打开对象的属性对话框。“电源端口”对话框如图 5-69 所示。在对话框中的左侧“颜色”按钮处单击，在弹出的对话框中选择合适的颜色，设置电源或接地符号的颜色。在对话框的下侧“属性”处文本框内可以输入电源或接地符号的网络名称。在对话框的右上侧“风格”后单击，可以在弹出的列表项所提供的 7 个选项中选择一个。7 种风格所对应的样式如表 5-1

表 5-1　“接地”风格列表

风格	图形	风格	图形
Power Ground		Wave	GND
Circle	GND	Signal Ground	
Arrow	GND	Earth	
Bar	GND		

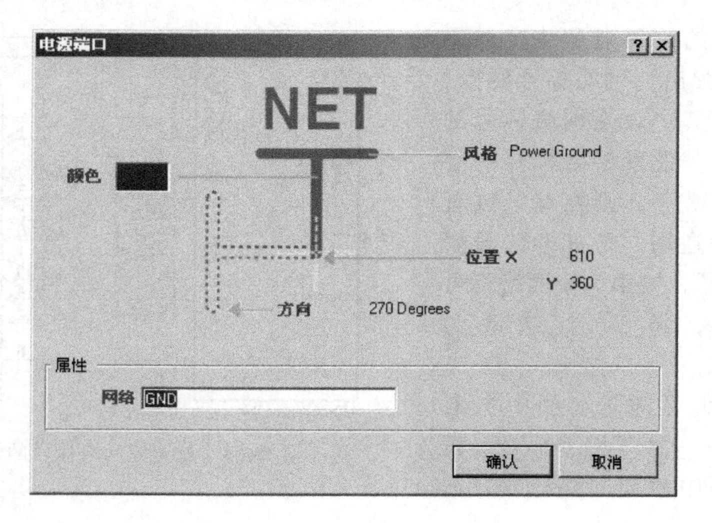

图 5-69 “电源端口”对话框

在“电源端口”对话框的右下侧“位置”处可以改变 X 和 Y 的坐标位置。

放置电源和接地符号也可以通过菜单“放置”→“电源端口”来实现。

按照如上所述方法添加电源和接地符号，完成后的原理图如图 5-70 所示。

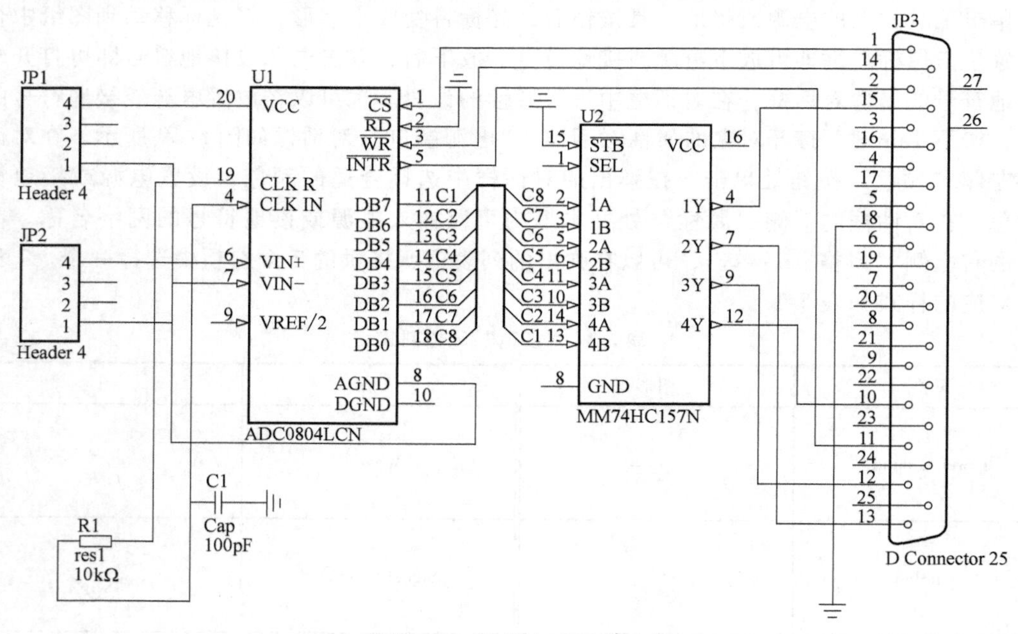

图 5-70 最终完成原理图

小技巧

“配线”工具栏是 Protel DXP 绘图过程中使用非常多的工具栏，工具栏上的各项命令和菜单“放置”中的各项命令是相对应的。如放置网络标号，既可以通过“配线”工具栏上的按钮执行，也可以通过菜单“放置”→“网络标签”执行。

在执行工具按钮的过程中，当鼠标处于悬浮状态时，按下 Tab 键，可以打开该工具按钮

所对应的属性设置对话框，可以在其中对对象进行属性设置。

任务拓展

在 D 盘下新建一个名为“存储器电路 . SchDoc”的原理图电路，并在其中绘制如图5-71所示的存储器电路图。

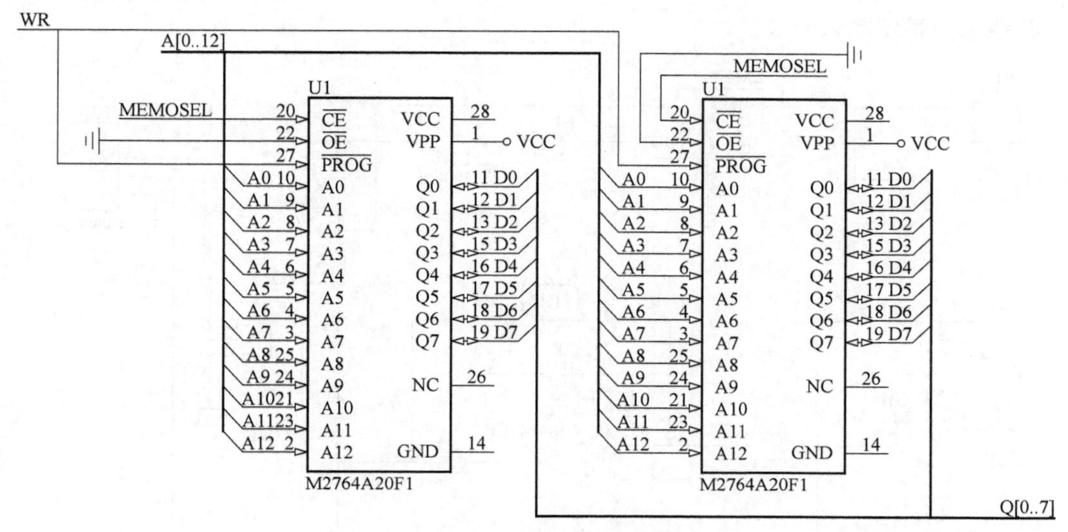

图 5-71 存储器电路图

习题集萃

电路原理图设计

1）创建设计数据库和原理图文件：数据库文件命名为 AAA. PrjPCB，原理图文件命名为 AAA. SchDoc。

2）原理图采用 A4 图纸，并将绘图者姓名和“印制电路板原理图”放入标题栏中相应位置。

3）自制原理图元器件 LM1，其文件名为 AAA. SchLib，如图 5-72 所示，Snap = 10。

4）设计符合要求的电路原理图，如图 5-73 所示。

5）创建网络表文件。

6）创建材料清单，放入文件夹中。

7）原理图中 C1 的作用是______________________________。

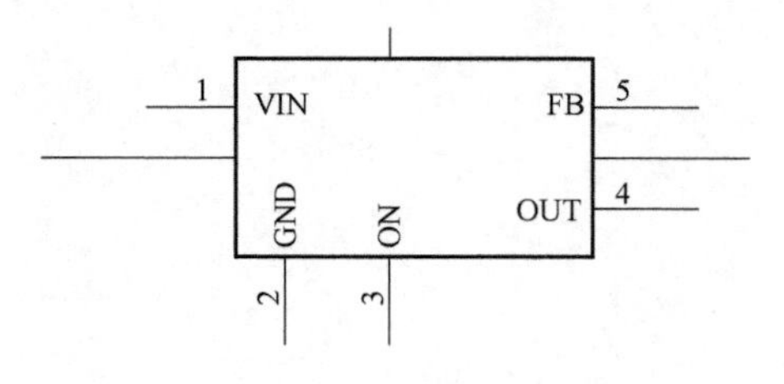

图 5-72 元器件 LM1

各元器件采用的封装如下：

有极性电容：RB7.6-15

LM1（自制元器件）：BCY-W3/H.8

瓷片电容及电阻：AXIAL-0.3

U1：DIP-14（自制封装）

JP1：MHDR1X2

JP2：MHDR1X4

L1：AXIAL-0.3

其他采用系统默认封装。

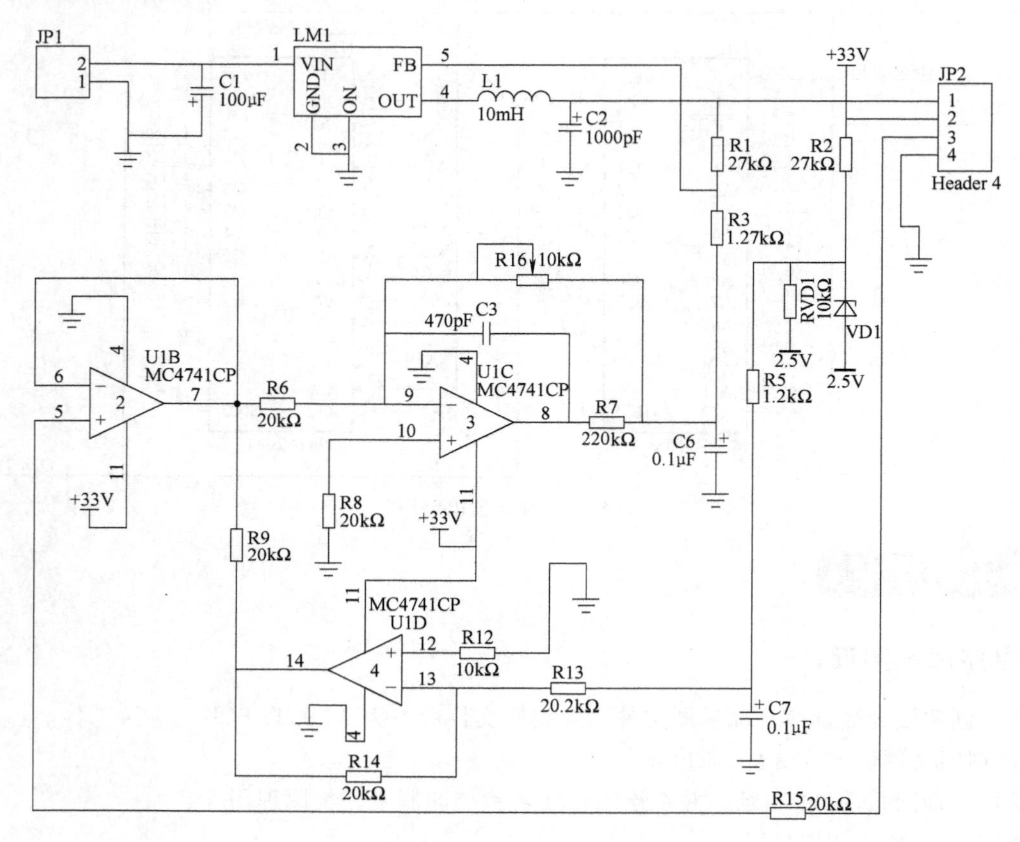

图 5-73　电路原理图

参考文献

[1] 人力资源和社会保障部教材办公室. 照明线路安装与检修 [M]. 北京：中国劳动社会保障出版社，2012.
[2] 陈志民，等. AutoCAD 2009 中文版室内装潢设计实例教程 [M]. 北京：机械工业出版社，2009.
[3] 倪燕. Protel DXP 2004 应用与实训 [M]. 北京：科学出版社，2009.
[4] 李敬梅. 电力拖动控制线路与技能训练 [M]. 4 版. 北京：中国劳动社会保障出版社，2010.
[5] 黄玮. 电气 CAD 实用教程 [M]. 北京：人民邮电出版社，2010.
[6] 左昉，胡仁喜. 电气 CAD 实例教程（AutoCAD2010 中文版）[M]. 北京：人民邮电出版社，2012.